カラーで見る上海特別陸戦隊

Shanghai Special Naval Landing Force in colors

少年雑誌の付録絵葉書で見る、満州事変当時の陸軍版クロスレイ装甲車。黒縁が付いた雲型で三色の初期の陸軍迷彩で塗られ、右側面に予備タイヤを付けている。

昭和7年（1932年）1月に勃発した第一次上海事変における上海陸戦隊（後に上海海軍特別陸戦隊）所属の英ヴィッカース・クロスレイM25型装甲車「4号」車。全体は茶褐色塗装で味方識別用に、ハッチを除く砲塔上面は白い帯状に塗られた。砲塔左右に車輌番号と前後ナンバープレートに"日本海軍四號"が描かれ、車体側面の海軍旗は赤丸が中央の初期型である。（イラスト：吉川和篤）

JN060007

昭和12年（1937年）8月、第二次上海事変時に出動した上海特別陸戦隊所属の八九式戦車甲型後期型。車体は茶褐色で塗装されているが、一部には陸軍型の迷彩塗装も確認されている。また車体側面の海軍旗は赤丸が進行方向に寄っている。導入時の装備車輌には砲塔左右に書かれた車輌番号が確認出来るが、事変前には防諜上の理由から消されている。（イラスト：吉川和篤）

第一次上海事変において北四川路付近の交差点で戦闘を行う、上海陸戦隊と毘式装甲車「6号」車を水彩で描いた愛国恤兵（じゅっぺい）財団助成会発行の絵葉書。

雑誌「少年倶楽部」の附録として発行された線路付近で戦う陸戦隊を描いた絵葉書。このクロスレイも「6号」車だが、砲塔上の白帯は描かれていない。

カラーで見る上海特別陸戦隊
Shanghai Special Naval Landing Force in colors

この見開きでは昭和7年（1932年）1月28日から3月3日にかけて、中国軍に包囲された上海の日本租界とその周辺で行われた防衛戦である第一次上海事変と、上海陸戦隊の記録写真を当時人工的に着色した絵葉書を紹介する。

2月4日、東寶興路の踏切り付近陣地で50mの近距離越しに敵兵と向かい合う、陸戦隊とクロスレイ装甲車の「2号」車。一人の伝令が、装甲車の操縦席ハッチ越しに搭乗員と話をしている。

北四川路のアイシス劇場付近で警戒に就く陸戦隊とクロスレイ装甲車の「6号」車。開いたドア内側の白い塗装に注目。当時の装甲車や戦車の車内は、照明効果のために白く塗られていた。

北四川路付近の交差点で中国軍を迎え撃つ陸戦隊とクロスレイ装甲車の「1号」車と「6号」車。表紙写真と良く似たアングルだが、こちらの陸戦隊員は全員が鉄兜（ヘルメットの海軍名称）を被っている。

事変緒戦で焼け落ちる前の北四川路において、便衣隊（ゲリラ）への警戒を行う陸戦隊。三脚上には航空用旋回機銃として海軍が採用した円盤型弾倉の九二式留式（ルイス）軽機関銃が見える。

天通庵停車場（鉄道駅）付近で斥候（偵察）を行う陸戦隊員に向けて、道案内を行う日本租界の在郷軍人（右端）。まだこの頃は白い布製脚半が使われていた。（北上市平和記念展示館提供）

北四川路方面で展開して、市街地に潜む便衣隊（ゲリラ）の一斉捜索を始める陸戦隊員。艦艇から上陸した応援部隊であろうか、全ての隊員達は鉄兜（ヘルメット）ではなく兵軍帽（水兵帽）を被っている。

市街地の路上で土嚢陣地を展開する陸戦隊。その内側には友軍航空機に向けて味方側を示す日章旗と、おそらく敵陣地の方向を示すT字に並べた白い布が見える。（北上市平和記念展示館提供）

日本租界の北部小学校門前で土嚢の積込みを手伝う在留邦人と、その作業を警備する陸戦隊。在郷軍人と同様に包囲された日本人の多くも防衛戦に協力した。（北上市平和記念展示館提供）

前線陣地の前で鉄条網を張った丸太のバリケードを設営する工作隊。陸軍の工兵に相当する部隊で、通身隊や医務隊などと同じ海軍陸戦隊の附属隊のひとつとして専門兵科の人員で編成された。

戦闘中に後方で行なわれる電話線の架線作業。竹ざおを使って電柱間でケーブルを張りめぐらしているが、事変時においての効果的な通信手段として無線機と共に野戦電話も活用された。

2月24日、中洲路交差点付近において瓦礫と化した建物陣地から発射される十一年式曲射歩兵砲（軽迫撃砲）。70mm口径で毎分20発発射可能で、上海陸戦隊は初期から使用していた。

49ページの写真と同じ時期に撮影された、寶山路（ほうざんろ）の敵陣地へ砲撃を行う保式（山内式）短五糎（5センチ）砲。元来は艦載砲として導入された三听（3ポンド）砲を陸戦化したものであった。

カラーで見る上海特別陸戦隊
Shanghai Special Naval Landing Force in colors

支那事変の戦争画を集めた画集「興亜の光」に掲載され、昭和12年（1937年）8月13日に始まった第二次上海事変での上海特別陸戦隊を描いた一枚。八字橋や広中路などで繰り広げられた市街戦が再現され、砲塔下に白帯を巻いたクロスレイ装甲車や四一式山砲、褐青色軍衣の陸戦隊員などの戦闘シーンがリアルに描かれている。

同じく画集「興亜の光」の掲載より。10月27日の上海海軍特別陸戦隊による総攻撃において、閘北（ざほく）南端の上海北停止場の鉄路管理局ビルを巡る戦闘の模様。旭日の海軍旗を掲げて梯子から突入する陸戦隊や、砲撃により火災が発生して半ば廃虚と化した建物などが細密に描かれ、激戦であった当時の状況を良く伝えている。

上海特別陸戦隊
～その兵器と軍装～

Arms and uniforms of Shanghai Special Naval Landing Force

吉川和篤 [著]

Kazunori Yoshikawa

目次

昭和2年（1927年）2月の揚陸後、直ちに共同租界の市街地に展開して
ガーデンブリッジ付近で示威行軍を行う日本海軍派遣陸戦隊。これが
上海陸戦隊となり7月には7個大隊、計2,220名の将兵が駐留した。

アルバムで見る上海特別陸戦隊

昭和7年（1932年）の上海地図。黄浦江北側に日本租界である虹口（ホンキュ）地区が広がり、その北側に海軍陸戦隊本部が見える。

日本海軍は明治19年（1886年）に「海軍陸戦隊概則」を制定、陸上警備を行う戦闘部隊を組織した。これは艦船乗員から臨時編成するもので、それとは別に各鎮守府が編成した陸上部隊は特別陸戦隊と呼ばれた。これら海軍陸戦隊は、日露戦争や第一次大戦の青島（チンタオ）攻略戦でも戦果を挙げている。

その頃、欧米列強に続いて19世紀末に中国大陸に進出した日本は、上海の共同租界北部である虹口（ホンキュ）地区に日本人街を建設、多くの居留民が住みついた。しかし1920年代に入ると中国軍閥の抗争と激化する抗日運動により、上海の治安悪化が懸念される様になる。当時、共同租界では日本人も参加した各国の義勇民兵組織もあったが、心もとない規模であった。

昭和2年（1927年）2月に発生した国民党軍による北伐を契機に、上海居留民の保護を目的として呉鎮守府の陸戦隊一個大隊300名が派遣された。3月には佐世保鎮守府と横須賀鎮

守府から各1個大隊合計500名が増援され、さらに艦船所属の陸戦隊も加わった。これにより巡洋艦『利根』艦長植松練磨大佐の指揮下で、7個大隊2,220名（7月1日時点）から成る連合陸戦隊が編成された。そして英米仏軍駐留部隊と共に租界警備を担当、侵入した中国兵の武装解除を行なっている。

9月には上海周辺の戦闘が収まり、派遣陸戦部隊は国内に撤収する事になったが、租界警備の目的で一部が第一遣外艦隊所属部隊として留まった。この警備部隊が中核となり、後に"シャンリク"と呼ばれた上海陸戦隊が編成された。

陸戦隊は昭和3年（1928年）6月には約600名規模に縮小されたが、昭和6年（1931年）9月に勃発した満州事変を契機に900名に拡大。その間も装甲車や野砲、牽引車輌や短機関銃を含む小火器などの機材が日本からの調達や外国製の輸入により充実して、翌年の上海事変を迎えたのであった。

1930年代初頭の上海。バンド（外灘）と呼ばれ中国から切り離された国際共同租界には近代的ビルが建ち並び、自由国際都市の一面もあった。

昭和6年（1931年）頃、虹口（ホンキュ）地区の外れにあった上海陸戦隊の兵舎写真。レンガ建物の奥にあるビルが陸戦隊本部で1階が車庫になっており、トラックや軍用バイク、装甲車はそこから出動した。これらの建物は第一次上海事変後に全て取り壊され、近代的な鉄筋コンクリート製のビルに建て直された。

第一次上海事変後の昭和7年（1932年）11月頃、陸戦隊兵舎車庫で撮影されたハーレーダビッドソン1931年型サイドカーとクロスレイ装甲車「1号」車。サイドカー上には、保持用の銃身掴みを付けた十一年式軽機関銃が銃架と共に搭載されている。

演習において土嚢を積んだ即席の砲陣地に据えられた、改造四年式十五糎（15センチ）榴弾砲。その右に砲架車が、また後方にはFWD社製砲牽引車も見える。

昭和6年（1931年）9月には満州事変が始まり中国国内での排日運動が激化、次第に上海租界周辺の情勢も緊張が高まった。翌年1月18日に発生した日本人僧侶への暴行事件を契機にして、28日には日本海軍陸戦隊と中国第19路軍との間で本格的な軍事衝突に発展。こうして後に第一次上海事変と呼ばれる市街戦が、1ケ月以上続く事となる。

事変直前に2個大隊や艦艇陸戦隊が増強されていた、鮫島具重大佐が指揮官の（後に第三艦隊隷下となり植松練磨少将に交代）上海陸戦隊2,700名は、第19路軍に包囲された上海市街で果敢に戦った。事変発生後に海軍は巡洋艦4隻、駆逐艦4隻、空母2隻に加え陸戦隊員7,000名の派遣を決めている。

こうして横須賀特別陸戦隊を含む4個大隊の派遣や各艦艇陸戦隊からの増援があり、最終的には7個大隊と漢口派遣1個中隊までその規模を拡大した。しかしそれでも広東の第19路軍は3個師団3万の兵力を有し、さらに国民党軍は第5軍の派遣を決めており、日本陸軍の到着まで上海陸戦隊の戦力が鍵となる。そして寡兵の陸戦隊は市内での便衣隊（ゲリラ）の活動を押さえつつ、空母『加賀』『鳳翔』からの航空支援爆撃の援護を受けて北部の戦線で粘り強く戦った。

この時、イギリスから輸入されていた貴重な装甲戦力であったヴィッカース・クロスレイM25型装甲車も、味方識別の為に砲塔上面を白く塗り（中国軍も同装甲車を配備した為）、1輛または2輛ずつ各戦線に投入されて陸戦隊兵士の先頭に立って進撃、または移動機関銃トーチカとして交通要所に陣を構えている。上海の舗装路は装輪式車輌には有利であったものの、路地や建物の上の死角から手榴弾攻撃を受けて数輛が損害を被った。それでも陸戦隊の活躍により陸軍部隊到着までの2週間の間、多数の敵部隊を食い止めたのであった。

そして陸軍の上海派遣軍（第十一師団、第十四師団）が3月1日に上陸し、その進撃を見て第19路軍は撤退を開始。3日に日本軍は戦闘を中止した。この事変での日本軍側は戦死769名（陸戦隊は約140名）、負傷2,322名を数えたが、中国軍側は約14,000名の損害を受けたと伝えられる。

事変後に派遣陸戦部隊の多くは上海を引き揚げたが、この戦いを契機に日本租界の警備強化と海軍陸戦隊の常駐の必要性が再び論じられた。そこで日本海軍は昭和7年（1932年）10月に「海軍特別陸戦隊令」を制定。上海の陸戦隊は、鎮守府から独立した常設の陸戦隊（2個大隊約2,000名）に昇格し、名称を上海海軍特別陸戦隊と改めている。そして本部ビルも新たに建て直されて、部隊は拡充したのであった。

昭和7年（1932年）2月、海軍旗の下で事変に参加する上海陸戦隊とクロスレイ装甲車「2号」車。

横濱路の土嚢陣地で戦う陸戦隊。写真左側の陸戦隊員達の足元には左から6.5mm三年式機関銃、6.5mm十一年式軽機関銃、7.7mm九二式留式（ルイス）機関銃が見える。また三年式機関銃用保弾板の木箱や留式機関銃用円盤弾倉の木箱も確認出来る。兵士達が被るひさしの長いサクラ型試製鉄兜（鉄兜一型）にも注目。

第一次上海事変に出動した、陸戦隊のクロスレイ装甲車「4号」車と、後に機銃車と呼ばれた十一年式軽機関銃を搭載した側車（サイドカー）。装甲車のナンバープレートは漢字表記になり、味方識別用に砲塔上は白く塗られている。奥には中国人の便衣隊（ゲリラ）が放火したオデオン劇場が見える。

火災による煙が立ちこめ敵弾が飛び交う中、間北（ざほく）戦線の上海北停止場（鉄道駅）に向けて鉄路上を進撃する陸戦隊。艦艇からの派遣上陸によるものか、多くは水兵帽のままであり、鉄兜を被った者はわずかである

昭和7年（1932年）2月5日、寶山路北方で銃撃を受けて思わず
遮蔽物に身をかがめる陸戦隊員と敵陣地に向けて突撃を始める
クロスレイM25型装甲車「6号」車。その奥には更に2輛のクロス
レイ装甲車の一部が見える。

敵陣地奪取のため、10ページ下写真の陣地から突撃に入る直前の
陸戦隊。この部隊では頭頂部にサクラ花の飾りが付き、前ひさしの長
いサクラ型試製鉄兜（ヘルメットの海軍名称）が着用されている。これ
は輸入されたイギリス製鉄兜と共に昭和7年（1932年）9月から鉄兜
一型と呼ばれ、陸軍の九〇式鉄帽（ヘルメットの陸軍名称）と同型で
前章が錨と桜の金属章が付いた1.0㎜厚が鉄兜二型、1.2㎜厚が鉄
兜三型と呼ばれた。事変後半頃には、夜間に目立つ白脚半を写真の
様に黒く塗りつぶす例が多く見られた。右で待機する兵は十一年式
軽機を持ち、陣地左には九二式留式（ルイス）機関銃が見える。

昭和十二年(1932年)3月、事変終了後に横浜路陣地で記念写真に写る上海陸戦隊第一大隊第一口隊の将兵達。写真の解説には、事変前総員134名、戦死者9名、員傷者34名と記されている。陸戦隊員達は濃紺の兵衣(冬衣)に弾薬盒や海軍水筒、雑嚢、艦艇灰色に塗った、イギリスでライセンス生産された2人の陸戦隊員は試製鉄兜(鉄兜の一型)を着用している。最前列の3人と二列目オランダ重型の試製鉄兜、雑嚢、艦艇灰色に塗った、イギリスでライセンス生産された2人の陸戦隊員は試製鉄兜(鉄兜の一型)を着用している。最前列の3人と二列目はスイスでライセンス生産されたSIG M1920型であるヘルグマン自動拳銃(短機関銃の海軍名称)を手にしており、前列右端や中央または後列左側の投擲手は八九式重擲弾筒の弾薬嚢を腹部に斜いている。

鉄筋コンクリート造りの4階立ての近代的な建物に新築され、昭和10年（1935年）頃に撮影された上海海軍特別陸戦隊本部ビル。1階右側には装甲車輌も納まる車廠（ガレージ）が、屋上には日本租界を見渡す監視塔や第一次上海事変の戦没者慰霊碑および社殿が見える。

観兵式パレード前の閲兵で、陸戦隊本部横の新公園に集結した特別陸戦隊将兵達。将校は第一種軍装に陸戦用剣帯を着用、陸戦隊員も兵用冬服（水兵服）で陸軍の九〇式鉄帽と同型の鉄兜二型または三型を被っている。特別陸戦隊は昭和11年（1936年）には4個大隊（第一～第三大隊：銃隊（歩兵隊）および第四大隊：砲隊）および戦車隊、特務隊（通信隊、運輸隊、医務隊、主計隊）や漢口残留隊などから編成されていた。

昭和11年（1936年）頃の1月4日の観兵式パレードにおいて、
イギリスから輸入したクロスレイM25型四輪装甲車3輌に続
いて、国産の九三式六輪装甲自動車（装甲車）3輌とスミダP型
六輪装甲自動車（装甲車）3輌が続く。この頃は第一次上海事
変時と異なり、クロスレイ装甲車の砲塔上面の白塗りや、砲塔
やナンバープレートの車番が消されている事が確認出来る。

これも上写真と同じ1月4日の観兵式パレードで行進する、
後期型車体に角型砲塔装備の2輌の八九式中戦車甲型後
期型と、4輌の毘式（ヴィッカース式）カーデンロイド装甲車。
その後方には機銃車と呼ばれた、機関銃を搭載した側車（サ
イドカー）付きの自動自転車（オートバイ）隊が続く。

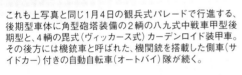

15

昭和12年（1937年）頃の上海共同租界地図。郊外の特別陸戦隊本部と後に激戦地となる閘北（ざほく）地区や北停車場（鉄道駅）との意外な近さが判る。

第一次上海事変平定後、特別陸戦隊に昇格した"シャンリク"は、昭和12年（1937年）1月には兵力も2,500名に増強された。同年7月、北京郊外の盧溝橋で始まった北支での中国軍との戦闘は、停戦協定で一旦治まったもののその後再び拡大。上海での抗日も激化し、8月11日には上海海軍特別陸戦隊の将兵2名が中国側の射撃で死亡する大山事件も発生した。ここで緊張は一気に高まり、12日には中国軍精鋭の第87、88師団が上海を包囲。日本人居留民保護の為、特別陸戦隊は漢口から300名、呉と佐世保から1,200名、巡洋艦『出雲』から200名等の増強を受け、計約4,000名が待機していた。

8月13日、日本軍陣地は中国軍から射撃を受け、さらに翌日には市内や特別陸戦隊本部への空襲が開始され、本格的な事変に突入。市街地では激しい戦闘が繰り広げられ、特別陸戦隊は本部屋上から山砲で応戦。便衣隊（ゲリラ）は街に放火

し、渾沌とした戦闘が続いた。その間、中国軍は包囲を5個師団70,000名に増強、日本側も呉と佐世保、横須賀の各特別陸戦隊の増援を受け、計6,300名の陸戦将兵が展開した。

陸戦隊が粘り強く防衛戦を続ける中、8月23日には日本陸軍第三師団と第十一師団から成る上海派遣軍が上陸を開始。特別陸戦隊では横須賀鎮守府から来た竹下部隊が呉淞に敵前上陸してこれを助けた。日本軍は敵のドイツ製兵器やトーチカに苦しめられながら10月上旬までに呉淞を越え、10日には総攻撃を開始。26日には最大の要衝、大場鎮を占領した。

翌日には日本軍は蘇州川まで一気に進撃。これに呼応して特別陸戦隊は頑強に抵抗する閘北（ざほく）地区に突入して市街戦の末、27日には北停車場（鉄道駅）陣地を落として11月5日、上海南方の杭州湾に第十軍が上陸。9日に中国軍は撤退を始め、第二次上海事変は平定されたのであった。

8月23日の呉淞敵前上陸後、屋上に陣取る竹下部隊。横須賀鎮守府第一特別陸戦隊から選抜された70名の決死隊は、識別用の白襷を巻いている。

第二次上海事変が一段落した昭和12年（1937年）11月、特別陸戦隊本部ビルの正門前で記念撮影を行う幕僚および各部隊長。前列左から6番目の眼鏡の将校が、司令官の大川内傳七（おおこうち でんしち）少将でその隣が参謀長である。左右に積まれた土嚢が、事変の平定直後である事を物語っている。

呉第一特別陸戦隊の安田部隊によって昭和12年（1937年）8月13日に撃墜されたカーチス・ホークⅢ型複葉戦闘機の機体を載せた自動貨車（トラック）を警備する海軍特別陸戦隊員と腕章を付けた陸軍憲兵。このカーチス「2503号」機は、中国空軍第5大隊25中隊所属の張慕飛少尉機と推測される。また、この残骸は国内に運ばれ、上野松坂屋デパートの屋上で展示された。

中国軍との本格的な戦闘に突入した8月13日以降、特別陸戦隊本部ビルの屋上から上海市内の敵拠点に向け、横並びで一斉射撃を行なう砲兵隊。写真では防楯を外した75mm四一式山砲が4門、連装の13mm保式機銃（九三式機銃）が見える。この四一式山砲は撮影時期により配置が異なり、状況に応じて砲口向きを変えていた事が伺える。

第二次上海事変の市街戦において、土嚢を引きずる
2名の陸戦隊員とクロスレイ装甲車。この当時には砲
塔側面と前後のナンバープレートの車輌番号は塗り
潰されているが、6ページ上のイラストと同様に砲塔下
に白い帯が確認できる。(小玉 克幸氏提供)

建物が密集した三義里付近での討伐戦で、衛生兵の
肩を借りて戦場を離脱する負傷兵の緊迫したシーン。
中央の負傷兵と左の2名は、鉄兜二型または三型の
上から味方識別用に日の丸手拭いを巻き、上陸時に
使われる軍用地下足袋を履いている。

敵弾を警戒しながら兆豊路を進撃する陸戦隊。中央片膝の陸戦隊員の手には、三十年式銃剣を付けたベルグマン自動拳銃（短機関銃）が見える。この着脱可能な着剣装置は第一次上海事変後に追加された。

闡北（ざほく）の追撃戦において残敵に向けて三八式歩兵銃で猛射を行う陸戦隊。中央の軍刀を手にした指揮官は、九〇式鉄兜に目の粗いローカルメイドの擬装網を被せている。

牟平城の西門から入城する部隊長の竹下宜豊中佐（中央）。右端の陸戦隊員は、ベルグマン自動拳銃（短機関銃）を持っている。

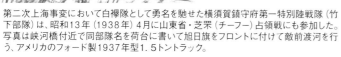

第二次上海事変において白襷隊として勇名を馳せた横須賀鎮守府第一特別陸戦隊（竹下部隊）は、昭和13年（1938年）4月に山東省・芝罘（チーフー）占領戦にも参加した。写真は峡河橋付近で同部隊名を荷台に書いて旭日旗をフロントに付けて敵前渡河を行う、アメリカのフォード製1937年型1.5トントラック。

4月20日、ぬかるみに木の板を渡して道なき道を進軍する竹下部隊の自動貨車（トラック）。アメリカのダッジ製で最新型の1938年型1.5トンで、上海で徴発された車輌と推測される。

5月に行われた羊平方面での戦闘に参加した、横須賀鎮守府第一特別陸戦隊（竹下部隊）と自動貨車（トラック）。手前に見える民間人は案内人であろうか。また車列の2輌目と3輌目の荷台には、立て掛けたリアカーが見える。

昭和15年（1939年）2月に発生した海南島占領作戦（Y号作戦）には、第四根拠地隊として舞鶴鎮守府第一特別陸戦隊や呉鎮守府第六特別陸戦隊（大田部隊）、佐世保鎮守府第八特別陸戦隊（井上部隊）などと共に上海特別陸戦隊の第三大隊も参加した。

海南島に展開した井上部隊所属の九四式軽装甲車（TK車）2輌。支那事変で活躍した豆戦車はその軽便さから海軍陸戦隊でも配備が始まり、太平洋戦争では島嶼部で使用されている。また海南島にはカーデンロイド装甲車（加式機銃車）の展開も確認出来る。

熱帯性気候の海南島に自生するヤシの木を背景に射撃
準備を行う陸戦隊と四一式山砲。山砲として開発された
ため分解して人力での運搬も可能であり、こうした密林
地帯での移動でもその効力を発揮した。

前ページと同じ井上部隊所属の九四式軽装甲車前期型と同部隊
の宿営地。この写真ではTK車の側面に旭日マークは確認できな
い。海南島の大田部隊でもこの豆戦車は見られるので、舞鶴鎮守
府の第一特別陸戦隊にも配備されていたと思われる。

23

支那事変が始まって以降、上海海軍特別陸戦隊は市街警備以外にも華中方面に派遣され、昭和14年（1938年）7月の揚子江溯江作戦などに参加した。写真は昭和16年（1941年）4月に寧波（ニンポー）に派遣された陸戦隊と物資で、当時北九州で造られたサクラビールのケースも見える。

昭和16年（1941年）4月20日、港湾都市であった浙江省・寧波への派遣で、乗船時に写る上海海軍特別陸戦隊の将校と下士官達。背景には、救命浮輪に『SANKO MARU』と書かれた日本の貨物船が見える。

昭和16年（1941年）4月15日、特別陸戦隊本部ビルの中庭に整列した鎮海派遣特別陸戦隊の将兵達。鎮海は寧波市の海側の地区で、海上輸送の拠点であった。

昭和16年（1941年）5月4日、上海の南に位置する寧波（ニンポー）を制圧した寧波派遣隊特別陸戦隊。一列目左端の陸戦隊員は、長い50発弾倉とこれも長い三十年式銃剣を装着したベルグマン自動拳銃（短機関銃）を構えている。

同年6月16日、上海に帰還して市街地でパレードを行う派遣特別陸戦隊と、司令官武田盛治少将以下総員で出迎える上海海軍特別陸戦隊。この後で上海海軍病院に移動して、本書裏表紙下の記念写真を撮影したと思われる。

25

上海特別陸戦隊の各種軍装

明治後期・大正を通して、冬季の陸戦兵は、他兵科と同様に濃紺色サージ生地製の水兵服を支給され、下士官は同じく濃紺色で立ち襟、前合わせボタン留めの下士官軍衣を、将校はホック留め前合わせの第一種軍装を着用。夏季には同形状で白色生地の水兵服や第二種軍装を着用していた。

昭和2年（1927年）に上海へ揚陸した陸戦隊も同様であったが、6月にはカーキ色の水兵服である夏季陸戦服が制定された。また将校にはカーキ色で前合わせボタン留めの陸戦将校服が制定され、4つの蓋付きポケットや新たに肩章が加えられている。そして似た作りのカーキ色で立ち襟の陸戦下士官服も制定されたが、胸ポケットと肩章（エポレット）は無かった。昭和5年（1930年）には折り襟でやや緑掛かった「褐青色」綿生地製の試製夏季陸戦服が支給され、下士官陸戦服にもプリーツ付き胸ポケットが追加されたが、肩章は無かった。

さらに昭和8年（1933年）には兵用の夏季陸戦服が制定された。これは褐青色綿生地製の開襟服で、両胸にプリーツが付きポケットを備えたが、着丈は水兵服より短く下ポケットも無い。その代わり陸戦袴（ズボン）には、尻の左右にプリーツ付きポケットを備えた。また当初、胸の三角部分には水兵襦袢（シャツ）に見せ掛けた布が付けられていたが、昭和10年（1935年）からは水兵襦袢が下に着用された。

また下士官用の夏季陸戦服として、昭和8年（1933年）5月に「背広型」と呼ばれる腰丈の長さで4個ポケット付きの褐青色開襟陸戦服が制定された。昭和10年（1935年）3月には肩章が、昭和12年（1937年）には金属製錨章が肩章に追加された。そして兵用の夏季陸戦服も昭和12年（1937年）11月に再改正されて、上記の下士官用と同型に統一され、腰丈で4個ポケットの肩章付きとなった。ただし肩章は下士官用と共に昭和15年（1940年）5月に廃止されている。

昭和6年（1931年）頃の陸戦隊員。カーキ色の夏季用陸戦服の上から八九式重擲弾筒の弾薬嚢を腹部に巻き、艦艇灰色で塗られた英国ハッドフィールズ社製でオランダ軍M16型に似た試製鉄兜（後に鉄兜一型）を被っている。

昭和4年（1929年）夏の上海陸戦隊第一大隊（銃隊）第一中隊第二小隊の陸戦将兵達。まだ折り襟の試製夏季用陸戦服が支給されていないので、将校と下士官は立ち襟服を着用している。また鉄兜（ヘルメットの海軍名称）もこの頃は未装備で、有事の際でも下士官軍帽や兵軍帽（水兵帽）のままであった。三年式機関銃や保持用の銃身掴みが付いた十一年式軽機関銃、腹に巻かれた擲弾の弾薬嚢にも注目。

昭和2年（1927年）8月、上海陸戦隊司令官の松本忠左（ちゅうざ）大佐（前列中央）と幕僚は、同年6月制定のカーキ色で立ち襟の将校陸戦服を着て英軍のサムブラウン・ベルトを巻いている。また左腕の黒腕章は大正天皇の崩御に対する喪章で兵下士官は2月13日まで、将校は12月25日まで着用した。

昭和2年（1927年）夏、日本租界の山本洋行社を間借りした第七大隊第一中隊の仮隊舎前。陸戦隊員と下士官は、それぞれ同年6月に制定されたカーキ色の夏季用陸戦服（水兵服）と陸戦下士官服（立ち襟）を着用、左の衛兵は明治9年（1876年）制定の麦わら帽に前章（ペンネント）を巻いた夏略帽を被っている。

昭和8年（1933年）1月、兵用冬衣の第三大隊（銃隊）第三中隊所属の陸戦隊員。兵軍帽（水兵帽）の前章（ペンネント）は、「大日本海軍特別陸戦隊」となっている。

同じく特別陸戦隊の前章（ペンネント）を巻いた兵軍帽（水兵帽）を被った夏衣の陸戦隊員。右腕の官職区別章は一等水兵で、山形は善行章を、左腕の特技章は普通科一等信号術証を示す。

特別陸戦隊本部の中庭で三八式歩兵銃を構えたポーズを取る完全装備の陸戦隊員。陸軍の九〇式鉄帽と同型の鉄兜二型または三型や、背中の背中の吸収缶から蛇腹パイプで繋がった番号入りの防毒面（ガスマスク）嚢、左腰の海軍雑嚢、革帯（ベルト）に通した腰の60発入り後盒（後部弾薬ポーチ）などの形状が良く判る。

同じく本部ビルの中庭で、着剣した三八式歩兵銃を構える兵用冬衣の陸戦隊員。磨いた鉄兜や黒く染められた脚半（きゃはん）、編上げの陸戦靴にも注目。

こちらは昭和12年（1937年）制定の略帽を被り、襟や袖に毛皮（ボア）が付いた黒いダブルボタンの兵用防寒外套を着た陸戦隊員の記念撮影。

フード付きでダブルボタンの兵雨衣の上から、艦艇灰色に塗った試製の防弾鎧（ボディアーマー）を着て、サクラ型試製鉄兜（鉄兜一型）を被って警備に就く陸戦隊員。

こちらは珍しいJ.N.P.（Japan Navy Police）の腕章を左腕に巻いた、特別陸戦隊の海軍巡邏（じゅんら）。右腰に付けた素早く抜ける形状の拳銃嚢や抜き易い位置の銃剣にも注目。

艦艇灰色で塗られた三脚架の三年式機関銃の横で写る、短ジャケット型夏季陸戦服を着た陸戦隊員。正面に星章が付いた陸軍の九〇式鉄帽（ヘルメットの陸軍名称）や上陸用でゴム底の軍用地下足袋に注目。

同じく丈の短い夏季陸戦服を着た一等機関兵。右胸の名札は以前の長楕円の金属製と異なり白い長方形の布製になっている。水兵襦袢（シャツ）上に着た私物のセーターにも注目。

大陸南方の戦線で初期の防暑帽を被った陸戦隊。本体は棕櫚（シュロ）の葉を編んで固めたもので、この素材は27ページ下写真の夏略帽にも後期には使用されている。

4個ポケットの夏季陸戦服を着て軍刀を手にポーズを取る下士官。この鉄兜二型も陸軍の星章付きであるが、事変時の大量動員の際に数合わせで陸軍から借りて使用したものであろうか。

本部ビルの中庭で陸戦帽を被り、十四年式自動拳銃を握ってポーズを取る陸戦隊下士官。「背広型」と呼ばれた腰丈の開襟陸戦服のポケットや肩章（エポレット）などの細部が判る。

破壊された倉庫前で陸戦帽に日の丸鉢巻きを巻き、29ページ左下の写真とは異なるタイプの防弾鎧（ボディアーマー）を着用した下士官。こうした防弾鎧は陸軍の一部でも使用された。

29ページ右下の写真と同じ「J.N.P.」の腕章を左腕に巻いた海軍巡邏（じゅんら）の下士官。下士官用の夏季陸戦服には肩章（エポレット）が見られないので、昭和10年（1935年）3月以前の撮影であろうか。

31

昭和16年 (1941年) 頃、陸戦隊本部ビルの中庭で撮影された、冬用の第一種軍装姿で軍刀を持つ特務中尉。英軍のサムブラウン・ベルトに似た斜革付きの陸戦隊刀帯 (陸戦バンド) や革脚半にも注目。

同じ中庭で後日、夏季陸戦服にネクタイを着用して防暑帽を被り、サーベル型の海軍刀を手にする左写真と同じ特務中尉。後の第三種軍装と異なり襟の階級章は無く、外套と同様な肩章を着用している。

第二次上海事変の前年である昭和11年 (1936年) 8月、上海海軍特別陸戦隊司令官の大川内傳七少将 (中央の眼鏡の将校) と幕僚達は、将校用の夏季陸戦服を着て防暑帽を被っている。また前列左から2番目の参謀将校 (中佐) は長靴 (ブーツ) を履いているが、その他の将校は陸戦靴に2本締めの革脚半を着用。(中村 勝巳氏提供)

九〇式鉄帽（ヘルメット）を被って右手に拳銃を握り、金ボタン式の前合わせの下士官軍衣（冬衣）の左腕に赤十字の腕章を巻いた陸戦隊衛生兵。腰の革帯（ベルト）には革製の赤十字付き軍医嚢を通している。

これも本部ビル中庭において、野戦電話を革製ハーネスで胸から吊った通信兵。手にした旭日旗には昭和15年（1939年）2月に始まった海南島作戦（Y号作戦）を記念した文字が見えるので、帰還した第三大隊（銃隊）所属であろうか。

昭和13年（1938年）4月に山東省・芝罘（チーフー）に展開した竹下部隊所属の軍用鳩班と、専用籠を背負って鳩を手にした鳩兵。上海海軍特別陸戦隊は伝書鳩による通信も行っており、本部の屋上には軍用鳩小屋もあった。

日章旗を付けた三八式歩兵銃を持ち、略帽に日章旗の鉢巻きを巻いた陸戦隊員とシェパード種の軍用犬。こうした軍用犬は本部や租界の警備に就くと共に、第二次上海事変では前線での斥候（偵察）任務に活躍している。

上海特別陸戦隊の小火器装備

Small arms of Shanghai Special Naval Landing Force

　上海陸戦隊は、他の海軍陸戦隊と同様に、陸軍とほぼ同じかそれに準じた小火器体系での装備を行っていたが、一部に海軍独自の銃器も存在している。例えば南部大型自動拳銃(乙)は、南部十四年式拳銃が試作される1年前の大正13年(1924年)には海軍陸戦隊が採用しており、陸式拳銃の名称で1万挺が納品されて上海陸戦隊でも広く使用されている。

　そして特筆事項として、日本海軍は昭和初期から艦艇の防御用としてベルグマン自動拳銃(短機関銃の海軍名称)を320挺輸入した。しかし実態はスイスSIG社がライセンス生産したSIG M1920型で、日本輸出型は7.63mmモーゼル弾の50発弾倉仕様であった。このべ式は昭和7年(1932年)の第一次上海事変において相当数が使用され、市街戦でその火力を発揮して同年3月に120挺が追加された。また第二次上海事変までには着脱式の着剣装置が加えられている。その後、オーストリアのステアー・ゾロターンS1-100短機関銃が200挺、7.63mm弾50万発と共に輸入されて、須(ス)式自動拳銃として各鎮守府や海南島駐留の特別陸戦隊などが使用している。

　また日本海軍は昭和4年(1929年)には英ルイス軽機関銃を輸入して7.7mm留(ル)式機関銃として制定。その後、国産化されて九二式機関銃(陸軍の九二式重機関銃とは別物)となり、約19,000挺が生産されて、陸戦隊用や航空機用の旋回機銃として広く使用されている。

　他の小銃や機関銃は陸軍と同様で、三八式歩兵銃を中心に十一年式軽機関銃や三年式機関銃は同様に配備されたが、騎兵銃はほとんど見られない。また九六式軽機関銃や九二式重機関銃の配備時期も陸軍に比べてやや遅い傾向が見られた。

昭和13年(1938年)頃、鉄兜を被り着剣した三八式歩兵銃を構える陸戦隊員。同銃は2回の事変とそれ以降も日本海軍陸戦隊の主力小銃であった。

第一次上海事変において、敵の攻撃に対して三八式歩兵銃や十一年式軽機関銃、三年式機関銃で一斉に応射する陸戦隊陣地。三年式の側には、突撃に備えてベルグマン自動拳銃(短機関銃)を持った兵士が待機している。艦艇灰色の輸入試製鉄兜は、英ハッドフィールズ社がオランダ軍のM16型を1920年代前半にライセンス生産した物で、後の陸軍の九〇式鉄帽と比べて縁が拡がった形状であった。そして昭和7年(1932年)9月からは鉄兜一型に分類されている。

前期型の南部十四年式拳銃を構える、陸戦隊員の写真館スタジオ写真。

本部ビルの中庭で南部十四年式拳銃を構える陸戦隊員。（小玉 克幸氏提供）

第二次上海事変において、プロパガンダ写真用に三八式歩兵銃や十一年式軽機関銃を構えて射撃ポーズを取る側車（サイドカー）付き機銃車の陸戦隊員達。中央に伏せた２名の陸戦隊員は、南部十四年式拳銃以前の明治42年（1909年）9月に海軍が採用した陸式拳銃（乙型）を握っている。また集合写真以外にベルグマン自動拳銃（短機関銃）が１枚に３挺も写っている例は珍しい。

別アルバム写真ながら同様な状況での撮影。肩章(エポレット)付きなので昭和13年(1938年)頃であろうか。(mforce 井上氏提供)

大正4年(1915年)8月の採用以来、日本海軍でも主力小銃であった三八式歩兵銃を陸戦隊本部ビルで構える三等水兵。(小玉 克幸氏提供)

日本租界の北四川路で三八式歩兵銃を構えて市街戦演習中の陸戦隊員達。判定役が小旗を振っており、周りには見物市民や警備の陸戦兵が、また後面を向けたクロスレイ装甲車の前には国際都市らしくターバンを巻いたインド人警備兵の姿も見える。

昭和12年（1937年）10月6日、閘北（ざほく）の三義里
付近の敵陣に肉迫する陸戦隊。三八式歩兵銃には味
方識別用に日の丸旗が結ばれており、これには兵士個
人の寄せ書き旗もしばしば用いられた。

同じく三義里付近での掃討戦時、三八式歩兵銃を手に
して前進する陸戦隊員達。防毒面（ガスマスク）は携行
せず、陸軍の九〇式鉄帽と同型の鉄兜には手製と思わ
れる鉄帽覆いと網目の大きい擬装網を被せている。

37

昭和2年（1927年）に海軍で採用されて上海海軍特別陸戦隊でも広く使用された十一年式軽機関銃と第一銃手。陸軍と同様に専用の帆布製弾薬盒（だんやくごう）を着用している。（小玉 克幸氏提供）

夏季陸戦服姿の特別陸戦隊所属の第一銃手（一等水兵）と十一年式。陸軍とは反対に革帯（ベルト）の左側に拳銃嚢を通している。

芝罘（チーフー）占領戦での竹下部隊の第一銃手が、伏せ撃ち姿で十一年式を構える。擬装網を掛けた鉄兜や地面に広げた寄せ書き日の丸旗に注目。

38

上海陸戦隊所属の米ハーレーダビッドソン1928-29年型の自動二輪車（オートバイ）の側車（サイドカー）に搭載した十一年式の機関部右側面には、空薬莢を受ける箱が増設されている。こうして機関銃を搭載した軍用バイクは昭和11年（1936年）9月から機銃車と呼ばれた。また、兵軍帽（水兵帽）に巻かれた前章（ペンネント）から呉海兵団の出身だと判る。

昭和13年（1938年）11月3日の明治節において、山東半島東端の威海衛派遣から本隊に戻った上海海軍特別陸戦隊。三八式歩兵銃と共に3挺の十一年式軽機関銃が見える。（小玉 克幸氏提供）

昭和14年（1939年）春、中国南部の海南島上陸時
（Y号作戦）に、バナナの木の下で警備中の陸戦隊
と大正10年（1921年）に海軍で採用された九二式
留式（ルイス）機関銃。特徴的な太い放熱被筒や円
盤型弾倉（47発）が見える。弾倉は肩掛け紐が付い
た帆布製収容嚢に入れられた。

昭和14年（1939年）2月、海南島上陸作戦前に輸送船上
で記念写真に写る佐世保第八特別陸戦隊（井上部隊）所
属の野崎機関銃小隊。3挺の九二式留式（ルイス）機関銃
は三脚に搭載され、重機関銃として使用されている。ちな
みに航空旋回機銃タイプは放熱ジャケットが外されて銃
身とガスバイパスが剥き出しとなり、大型で二重になった
97発円盤型弾倉や照準環（対空サイト）などを装備した。

昭和12年（1937年）夏の第二次上海事変において、ハ字橋の陣地で射撃中の九二式留式（ルイス）機関銃。日本海軍の留式は、ストックの代わりにD型握り柄が付いている。

昭和16年（1941年）5月、浙江省の浙東半島に上陸して掃討戦を行った横須賀鎮守府第一特別陸戦隊（竹下部隊）で使用される九六式軽機関銃。この頃から陸戦隊でもバナナ型弾倉を上に装填した九六式の配備が確認できる。（中村勝巳氏提供）

41

第二次事変直前の昭和12年（1937年）冬、国際義勇兵隊の射撃場で三年式機関銃の実弾訓練を行なう、上海海軍特別陸戦隊所属の機関銃分隊。この当時、海軍の4鎮守府（横須賀、舞鶴、呉、佐世保）と上海に特別陸戦隊が設置されて総兵力は1万名以上となり、地上戦用の軽および重機関銃は1千挺以上が装備されていたと推定される。

昭和13年（1938年）4月の芝罘（チーフー）占領戦時、濃紺の兵用冬衣と鉄兜二型（1.0mm厚）または三型（1.2mm厚）を着用した横須賀鎮守府第一特別陸戦隊（竹下部隊）の4番銃手が最低姿勢で三年式機関銃を構え、2番銃手が紙箱入りの保弾板を構える姿勢を取っている。同機関銃は大正5年（1916年）に海軍で採用されて陸戦隊で広く使用され、二つの事変でも主力機関銃であった。

上海の三義里付近にも思える荒廃した市街地を背景にして、ポーズを取る陸戦隊員と九二式重機関銃。肩章（エポレット）を廃止した新型の開襟陸戦服を着た陸戦隊員は、革帯（ベルト）に海軍では胴乱と呼ばれた小銃用前盒を通しているので、あるいは機関銃手ではないのかも知れない。海軍陸戦隊でも昭和11年（1936年）11月頃から九二式重機関銃の導入が始まっているが、陸軍ほど早く配備は進まなかった。

昭和6年 (1931年) 度の上
海警備記念写真帳に掲載
された大隊指揮小隊写真。
この頃の兵軍帽 (水兵帽)
の前章 (ペンネント) は「呉
海兵団」で、手前に4挺の
通称ベルグマン自動拳銃
(短機関銃の海軍名称) が
見えるが、まだこの頃は着
剣装置はない。このベ式は
翌年2月の第一次上海事変
ではまとまった数が投入さ
れて戦果を挙げたため、3月
には120挺と弾薬24万発
(計35,736円) が海軍によ
り追加購入されている。

昭和12年 (1937年) 秋の
第二次上海事変平定後、廃
虚となった市街地で各人の
射撃ポーズで記念写真を
取る陸戦隊員。奥の立て膝
で構えられたベ式はこの時
期には珍しく着剣装置が見
られず、さらにやらせ写真な
ので弾倉が未装填である。
(mforce 井上氏提供)

昭和4年（1929年）、艦艇灰色の試製鉄兜（鉄兜一型）を被りベルグマン自動拳銃（短機関銃）を構えた上海陸戦隊員。この鉄兜は英ハッドフィールズ社がオランダ軍のM16型を1920年代前半にライセンス生産したヘルメットで、陸軍の九〇式鉄帽と比べて縁が拡がっていた。

昭和7年（1932年）7月、上海陸戦隊第二大隊所属の陸戦隊員と長い50発弾倉を装填したスイスのSIG M1920短機関銃。当時からベルグマンと呼ばれていたが、独MP18／I型と比べるとSIG社製は銃身被筒（バレルジャケット）の放熱孔が一列8個から7個に減っている。

昭和13年（1938年）頃、短ジャケット型夏季陸戦服を着てべ式を構えた陸戦隊員。この頃には銃身の銃口下に着脱式の着剣装置が装着されている。また独MP18／I型の槓桿（コッキングレバー）は三日月型であったが、SIG社製は先端が球状の棒型であった。

昭和13年（1938年）冬、廃墟となった北停車場（鉄道駅）で防寒装備に三十年式銃剣を着剣したベルグマン自動拳銃（短機関銃）を構えた陸戦隊員。SIG社製の弾倉受け上面は独MP18／I型と異なり直角だけの構成で、ボタンも下側に付いており判別が可能である。

上海とは別に4鎮守府の特別陸戦隊は、ベ式と同様な左横弾倉（32発）方式のオーストリア製ステアー・ゾロターンS1-100短機関銃を須（ス）式自動拳銃として配備していた。写真は昭和14年（1939年）2月、海南島上陸作戦前に輸送船上での記念写真に写る、佐世保鎮守府第八特別陸戦隊（井上部隊）所属の濱田隊で、4挺の須式が確認できる。

昭和16年（1941年）5月、浙江省の浙東半島に上陸する横須賀鎮守府第一特別陸戦隊（竹下部隊）。昭和12年（1937年）8月の呉淞上陸時と同様に白襷を体に巻いて上陸用の軍用地下足袋を履いているが、左端の陸戦隊員は油断なく須式自動拳銃を構えている。中央後方の左腕に白腕章の陸戦隊員は通訳である。（中村 勝巳氏提供）

昭和14年(1939年)2月の海南島攻略戦において、着剣した須式自動拳銃（短機関銃）を構える海軍陸戦隊員。弾倉受け上面に開いたクリップでの装填用穴や、味方識別用に革帯（ベルト）の斜革やスリングに巻かれた白布、腰に下げた私物の短い軍刀などにも注目。

昭和16年(1941年)5月に行われた浙東半島討伐戦での竹下部隊。右側の信号拳銃弾嚢を腹に巻き、左腰に信号用手旗の筒袋を下げた信号兵の背中には須式が見える。また右腰に下げた革製ポーチは、工具入れも兼ねた弾倉嚢と思われる。(中村 勝巳氏提供)

同じく信号用手旗の筒袋を下げた信号兵が手にする須式自動拳銃（短機関銃）。肩章（エポレット）付きの夏季陸戦服を着ているので、昭和14年(1939年)の海南島攻略頃の撮影であろうか。手旗の筒袋に書かれた文字や左胸の大きめの名札などにも注目。

中国大陸某所の海軍特別陸戦隊の分遣隊本部前で記念写真を撮る陸戦隊員達。右端の隊員は、弾倉を外したステアー・ゾロターンS1-100（須式）自動拳銃（短機関銃）を手にしている。また中央に見える十一年式軽機関銃には、石綿と革製の銃身握りが付いている。

上海特別陸戦隊の火砲装備

　上海陸戦隊は創設当時より、同時代の陸軍歩兵師団と同様に曲射砲（迫撃砲）から歩兵砲、山砲や野砲まで大小の各種火砲を配備しており、移動用に向けての自動車化も進んでいた。またその幾つかは海軍陸戦隊独自の装備であった。

　海軍独自の火砲としては、艦載砲から転用された保式（山内式）短五糎（5センチ）砲が挙げられる。これは元々はフランスのホチキス社が1880年代に開発した47mm口径の艦載砲をイギリスのアームストロング社で駐退装置を加えて改良したもので、保式（ホチキス）三听（3ポンド）と呼ばれて日本海軍の戦艦『三笠』にも副砲として装備されていた。

　後に尾栓閉鎖装置と駐退装置を国内で改良した同砲は、呉工廠でライセンス生産されて山内式自動砲とも呼ばれ、砲身基部を取り囲む円筒式に改良された駐退装置は山内砲架と呼ばれている。さらに大正6年（1908年）の呼称統一でポンド表記の砲はセンチ表記に改められ短五糎（5センチ）砲となる。そして陸戦用として山内式を台車に搭載した野砲が上海陸戦隊にも配備され、第一次上海事変では市街戦での制圧に活躍した。さらにその後も引き続いて使用されている。

　また別の海軍陸戦装備としては、保式十三粍（13ミリ）機銃が上げられる。これはフランスのホチキス製13.2mm双連重機関銃を輸入して制式化したもので、後に横須賀海軍工廠でも製造されて九三式十三粍（13ミリ）機銃となった。また陸軍でも保式十三粍機関砲（陸軍呼称）として昭和8年（1933年）に準制式化したが、こちらは少数を配備して終わっている。

　この保式十三粍機銃は上海特別陸戦隊にも配備され、昭和12年（1937年）8月の第二次上海事変でも投入された。四一式山砲と共に陸戦隊本部の屋上に設置された同機銃は、対空機銃としてその遠射性能を発揮している。また昭和14年（1939年）12月の海南島上陸でも防空隊で使用された。

　この他に詳細不明ながら15cm級の大型迫撃砲も輸入・配備され、第二次上海事変では強力な支援火砲となった。

　そしてこれらの海軍独自の装備と共に陸軍の火砲体系と共通する十一年式曲射歩兵砲や九二式歩兵砲、九四式三十七粍（37ミリ）砲、四一式騎砲、四一式山砲、三八式十二糎（12センチ）榴弾砲、改造四年式十五糎（15センチ）榴弾砲及び八八式7糎（7センチ）野戦高射砲などが上海海軍特別陸戦隊に配備されて、二つの事変でも火を吹いたのであった。

昭和4年（1929年）の演習における四一式騎砲。三八式野砲の閉鎖器を鎖栓（スライド）式から単純な構造の螺（ねじ蓋）式に変えて軽量化したもので、上海陸戦隊には初期から4門の配備が確認出来る。

旧式ながら昭和7年（1932年）の第一次上海事変で活躍した保式（山内式）短五糎（5センチ）砲（正確には口径47mm）は、その後も引き続き使用された。写真は第二次上海事変前に訓練中の砲隊と保式砲。

昭和7年（1932年）2月4日、寶山路の敵陣地に向けて旧式の保式（山内式）短五糎（5センチ）砲で猛砲撃を加える、第二大隊の砲隊。第一次上海事変での陸戦隊は、手持ちの火砲を総動員して中国軍に応戦した。

同じく2月4日の総攻撃において、三義里方面の商務印書館の敵陣地に向けて保式（山内式）短五糎（5センチ）砲の射撃を行う大井陸戦隊。上写真と同様に砲兵はサクラ型試製鉄兜（一型）を被っているが、周囲の陸戦隊員は兵軍帽（水兵帽）のままであった。（北上市平和記念展示館提供）

49

第二次上海事変において敵に猛射撃を行う三八式十二糎（12センチ）榴弾砲。同砲は明治37年（1904年）に日露戦争に向けてドイツのクルップ社に発注された中クラスの榴弾砲であったが、その後は12cm榴弾砲自体が兵器体系から外れて国産化もされなかった。そうした余剰在庫を活用したと思われる。

昭和12年（1937年）頃、上海特別陸戦隊の演習において土嚢を積んだ即席の砲陣地に据えられた、改造四年式十五糎（15センチ）榴弾砲とその砲架車。左側には砲牽引車として使用されたアメリカ製の自動貨車（トラック）も見える。

改造四年式十五糎（15センチ）榴弾砲の元になった四年式十五糎（15センチ）榴弾砲は、フランスの155mm経加農砲を参考にして開発され、大正4年（1906年）に制式採用されたもので、一門の砲を二つの砲を二つの車輌に分けて移動して陣地で組み立てた。その後射程延伸の改造を加えた後、満州事変時に若干数海軍に譲り渡された改造し記録される。この写真の榴弾砲もそうして上海特別陸戦隊に渡ったもので、昭和11年（1937年）年時点では第四大隊（砲隊）の第七中隊に4門配備された。

第二次上海事変時の昭和12年（1937年）8月、特別陸戦隊本部ビルの屋上に設置された四一式山砲。同砲の駄載移動を考慮した分解、組み立てが容易な設計により、本部ビル屋上への設置も人力で可能であったと推測される。また同砲は撮影時期により配置が異なり、状況に応じて砲口向きを変えていた事が伺える。

昭和14年（1939年）2月、椰子の木が見える亜熱帯気候の海南島に上陸して射撃を行う、特別陸戦隊の四一式山砲と装填中の75mm砲弾。同砲は陸軍でも歩兵連隊砲として太平洋戦争中も広く使われ、装甲の貫徹能力は徹甲弾の場合では距離100mで50mm厚、距離500mで46mm厚であった。

50ページ下写真と同様に昭和12年(1937年)頃に撮影された。上海海軍特別陸戦隊の第四大隊(砲隊)による四一式山砲を使った演習で、8門の四一式が砲兵の第八中隊に配備されていた。写真の砲兵は鎮章が付いた鉄兜を被り、白い兵用夏衣(水兵服)を着ている。弾薬箱は3発入りと6発入りの2種類があり陸軍では馬に駄載して運搬していたが、機械化が進んでいた特別陸戦隊では自動貨車(トラック)を使用した。

第二次上海事変において、擬装されて特別陸戦隊本部近くの畑で射撃準備を行う九二式歩兵砲（改修車輪型）。砲手の一等水兵や軍刀を手にした一等兵曹の右腕には、兵科と階級を示す丸い臂章が見える。

上写真と同じ畑で射撃位置に付く同一の九二式歩兵砲。口径70㎜の同砲は平射曲射兼用の軽歩兵砲（大隊砲）で対戦車性能も有しており、昭和11年（1936年）11月には特別陸戦隊に4門配備されている。また装填手の左横には5発入りの金属製砲弾箱が見える。

北四川路オデオン座跡の看板裏陣地で砲撃中の、前ページと同じ上海特別陸戦隊の九二式歩兵砲。陸軍では各歩兵大隊につき1個大隊砲小隊（ちゅうじょ）が配備され、4名で1門を操作していた。写真では駐鋤（ちゅうじょ）の周りの金属製砲弾箱に数多くの空薬莢が転がり、その激戦ぶりを物語っている。

55

第二次上海事変時、特別陸戦隊
本部ビルの屋上で対空射撃を行
う双連の保式十三粍 (13ミリ) 機
銃。機関部上に30発入り箱型弾
倉が見える。陸軍では口径11㎜
以上の連続発射火器は機関砲で
あったが、海軍では口径13㎜クラ
スは機銃扱いであった。

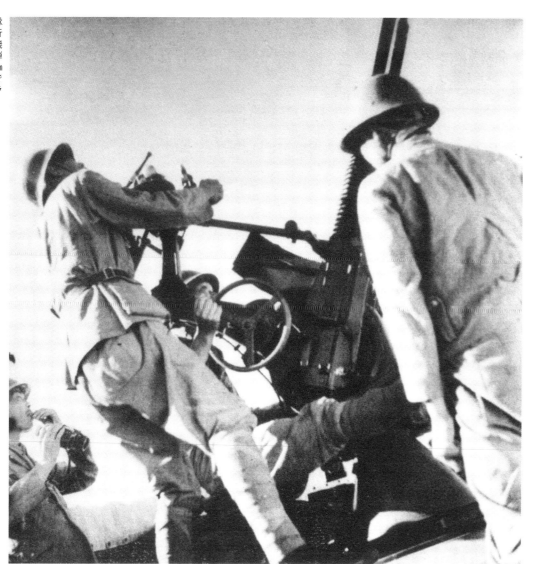

昭和14年 (1939年) 2月の海南島攻略戦において、
偽装用のヤシの葉を外して対空射撃の準備を行う
陸戦隊員と保式十三粍 (13ミリ) 機銃。機銃座の周
囲には専用の弾倉箱が見える。射撃は双連の機銃を
同時に発射するか片側ずつ射撃するかの選択が可
能で、最大射程は6,000mであった。

昭和12年（1937年）1月26日に行われた警備演習において、正面に錨章を付けた各種連絡車や自動貨車（トラック）、機銃車（サイドカー）に乗車する上海軍特別陸戦隊。その手前には九四式三十七粍（37ミリ）砲が見える。同砲は対装甲車輌戦闘に向け昭和9年（1934年）に開発された対戦車砲（速射砲）である。前年に4門が特別陸戦隊に配備されており、その貫徹能力は距離1,000mで20mmであった。

57

昭和13年（1938年）4月、山東省・芝罘（チーフー）にて八九式重擲
弾筒（じゅうてきだんとう）を射撃姿勢で構える竹下部隊の陸戦隊員。
重擲の最大有効射程は120mまであり、歩兵が個人携帯できる小型
軽量の迫撃砲として太平洋戦争終結まで広く使用された。

昭和6年（1931年）の夏頃、カーキ色の夏季用陸戦服を着て
十一年式曲射歩兵砲の操作訓練を行う上海陸戦隊員。実質的
な軽迫撃砲であった同砲の最大有効射程は1,500m以上あり、
毎分20発の発射が可能で、第一次上海事変でも活躍した。

第二次上海事変直前の昭和12年（1937年）4月11日に行われた第三艦隊連合警備演習にて出動した、特別陸戦隊所属の第四大隊（砲隊）と重迫撃砲。同砲の詳細は不明だが口径15㎝で、第一次上海事変後に8門が輸入されて第9中隊に配備された。

同じく事変前の昭和11年（1936年）夏、高粱（コーリャン）畑の塹壕陣地で演習を行う第四大隊（砲隊）と輸入15センチ重迫撃砲。市街地付近なので、おそらく実弾演習では無く発射操作の模擬訓練だと思われる。左側には準備完了を示す赤い小旗が掲げられている。

上海特別陸戦隊の軍用車輌

Military vehicles of Shanghai Special Naval Landing Force

　昭和2年（1927年）に日本租界の警備を目的に創設された上海陸戦隊は、他国の駐留部隊を見習って、早くから自動車や自動貨車（トラック）を装備した自動車化および機械化を目指していた。そして当初は、共同租界の日本企業や在留邦人などから借り受けた外国製の民間車輌を使用していた。

　その後、昭和4年（1929年）頃から砲牽引車として、第一次大戦前に開発された旧いアメリカのFWD（フォー・ホイール・ドライブ）社製トラックが輸入された。第二次上海事変前には同じアメリカのフォード製やシボレー製およびダッジ製の様々な年式の車輌も輸入され、上海海軍特別陸戦隊や一時編入された横須賀鎮守府第一特別陸戦隊（竹下部隊）で使用されている。また第一～第三大隊の銃隊（歩兵隊）には国産の九四式自動貨車（トラック）も配備された。

　そして昭和3年（1928年）頃から自動自転車（オートバイ）の配備も始まり、アメリカから最新のハーレーダビッドソン製の側車（サイドカー）付きバイクが導入された。当初から7台以上の配備が確認され、昭和9年（1934年）頃から「くろがね側車附自動二輪車」と呼ばれた国産の九三式および九五式が配備されている。また昭和11年（1936年）からは、日本版ハーレーの「陸王」も配備された。昭和11年（1936年）9月から十一年式や九六式軽機関銃などの機関銃および高射照準具を搭載した側車は「機銃車」という名称になる。後に機関銃搭載車は「速車」、未搭載は「サイドカー」と呼ばれた例もあった。

　さらに狭くて複雑な上海市街の道に合わせて、早くから自転車も配備され、事変での伝令や偵察任務に就いている。

昭和14年（1939年）2月の海南島攻略戦に出動した特別陸戦隊の病院車。

昭和4年（1929年）、陸戦隊内における自転車隊の点検。この頃は主に連絡任務に使用されていたと思われる。カーキ色の夏季陸戦服（水兵服）に注目。

昭和12年（1937年）冬、対抗演習に参加した第三大隊（銃隊）と2台の軍用自転車。仔細に見ると2名の自転車兵の背中には、ベルグマン自動拳銃（短機関銃）の銃身被筒（バレルジャケット）が確認出来る。（中村 勝巳氏提供）

同じく第三大隊の軍用自転車。訓練の様子からこの頃は伝令以外にも偵察任務も帯びていたと思われる。また手前の自転車兵の背中には着剣装置を付けたべ式が見え、側車（サイドカー）付き機銃車と同様に車輌付き隊員に優先的に配られたものと推測される。（中村 勝巳氏提供）

第一次上海事変後の昭和7年（1932年）11月に撮影された側車（サイドカー）付き自動自転車（オートバイ）。右の「30号」車がアメリカから輸入したハーレーダビッドソン1928年型、左がハーレーダビッドソン1931年型で、十一年式軽機関銃は外されているが折畳み式の銃架は確認出来る。操縦手の防風カバーや海軍ナンバープレート上に付けられた民間用と思われるナンバーに注目。

第一次上海事変前の昭和6年（1931年）6月15日の日付けが裏書きされた、ハーレーダビッドソン1931年型の側車（サイドカー）付き「14号」車の写真。事故を起こしたのか側車の前部は凹んでおり、旭日旗マークも描かれていない。また側車後方の陸戦隊員は陸式拳銃（乙型）を手にしている。さらに注目すべきは、カーキ色の夏季陸戦服（水兵服）を着た3名が被る兵軍帽（水兵帽）に巻いた前章（ペンネント）が、既に「大日本海軍特別陸戦隊」となっている点である。

昭和10年（1935年）頃、パレードの前後に、特別陸戦隊本部ビルのガレージ前に「1号」から「10号」車まで集結した側車付オートバイ（サイドカー）隊。側車は自転車式に銃架が銃架と共に搭載され、ほとんどが米ハーレー式軽機関銃を背中に掛けている。また手前の操縦手は、ベルグマン製の各年式の各年式である。国産の〔くろがね側車附自動二輪車〕の操縦手が判る。国産の〔くろがね側車附自動拳銃（短機関銃）を背中に掛け始めた昭和11年（1936年）9月、輸入ハーレー二輪車の九三式が配備され照準器を搭載した側車付きバイクは機銃車一型と呼ばも合わた機関銃と高射照準具を搭載した側車付きバイクは機銃車一型と呼ばれ、その後に導入された九五式は九五式は機銃車二型に区分された。

昭和12年（1937年）秋、国産の九五式側車（サイドカー）に乗る陸戦隊員。タンク側面に「くろがね」の文字が見える。（mforce 井上氏提供）

こちらはベ式を背負い和製ハーレーの「陸王」1200CCに跨がる陸戦隊員。燃料タンク側面には陸王のロゴマークが見える。（mforce 井上氏提供）

こちらも昭和12年（1937年）の上海戦線において、その前年に純国産化でライセンス生産が始まったハーレーである、「陸王」1200CCに乗ってポーズを取る左上と同じ陸戦隊員。予備車輌なのかナンバープレートには錨マークしか書かれていない。（mforce 井上氏提供）

陸戦隊本部の車廠（ガレージ）に駐車した八九式中戦車の前で写る、九三式側車（サイドカー）付き機銃車一型「報国10号静岡県教育号」の「102号」車。報国号は市民や企業の献金で海軍に納入された兵器全般に与えられた名称で、ナンバープレート番号が同じながら67ページの写真とは別車輌である。

上海海軍特別陸戦隊の本部ビル正門前で九五式側車（サイドカー）付き機銃車二型に跨がる陸戦隊員。左腕に赤黄赤の当直腕章を巻いて腰には胴乱（弾薬盒の海軍名称）を巻いて水筒を下げているので、操縦手ではないと思われる。ホーン前の錨と桜の金属章に注目。（小玉 克幸氏提供）

65

銃架に十一年式軽機関銃を搭載した九五式側車（サイドカー）付き機銃車二型「113号」車と陸戦隊員。62ページ上写真の側車に描かれた旭日旗マークと異なり、日の丸部分は進行方向に寄っており、これは第一次上海事変以降の特徴である。

上海の日本租界の写真館前で写る九五式側車（サイドカー）付き機銃車二型「108号」車。側車後方には海軍車輌の特徴である格納箱が見える。搭乗した陸戦隊員の左腕に巻かれた白く見える腕章は、味方識別用であろうか。

陸戦隊本部の中庭に置かれた九五式側車（サイドカー）付き機銃車二型「102号」車と陸戦隊員。スイング可動式で枠型の新型銃架に十一年式軽機関銃が搭載され、側車の側面には「上海新友会2」の文字が見える。

特別陸戦隊本部のガレージ前シャッターを背景にして、「くろがね側車附自動二輪車」である九五式側車（サイドカー）に乗る戦闘員。右腕には山型の善行章一本と一等水兵の官職区別章が見える。

昭和2年（1927年）に上海に揚陸した艦艇付き陸戦隊
はまだ専用車輌も保有していなかったので、日本租界の
企業や在留邦人から民間トラックを借り受けてそれに分
乗して警備に当った。手前の車輌のフロントグリルには、
徴発した第二大隊の名前を書いた紙を貼っている。

昭和6年（1931年）の陸戦隊野砲教練において、輸入した六輪
自動貨車（トラック）の荷台に搭載した測距儀を使用する砲隊。

昭和8年（1933年）に上海市内で隊列を組み、改造四年式十五糎（15センチ）榴弾砲を牽引するアメリカのFWD（フォー・ホイール・ドライブ）社製3トントラック。第一次大戦前に開発されたこの旧型の4輪駆動トラックは、主として砲牽引車として特別陸戦隊第四大隊（砲隊）で使用され、榴弾砲装備の第七中隊には4輌が配備された。またFWD社製トラックは陸軍の重砲牽引車の参考として、大正6年（1917年）3月に1輌輸入されて運行試験を行なっている。

上海の特別陸戦隊は自動車化も進んでおり、第一〜第三大隊(銃隊)には兵員輸送として新型の九四式六輪自動貨車(トラック)も配備された。写真は昭和12年(1937年)2月の第三艦隊連合警備演習での出動時の撮影で、機銃車の後ろ2輌は九四式である。ラジエーターグリルに装着された冬季防寒用カバーや錨と桜の金属章に注目。

第二次上海事変において水や医薬品などの物資を満載して市街地を疾走する、特別陸戦隊の衛生隊所属の輸入自動貨車(トラック)。側面の運転席ドアは覘視孔(てんしこう:スリット)が付いた装甲板になっており、左後部下に「90号」車の楕円形ナンバープレートが見える。

上海戦線
勇躍前戦に向ふ我衛生隊

検閲済

第二次上海事変にも参加した横須賀鎮守府第一特別陸戦隊（竹下部隊）のアメリカのフォード製1937年型1.5トントラックと共に進軍する陸戦隊員。運転席窓の一部は装甲板で覆われ、バンパーに海軍所属を示す旭日旗を立て、荷台に「竹下部隊」や「八號」車の文字が書かれている。

所属不明だがおそらく上海郊外と思われる場所で、陸戦隊員を満載した日産80型自動貨車（トラック）。この車輌もラジエーターグリルにキルティングの冬季防寒用カバーを装着している。また荷台には柄に白布を巻いた軍刀や十一年式軽機関銃も見える。

昭和15年（1939年）2月に行われた海南島作戦
（Y号作戦）に参加した第四根拠地隊所属の自
動貨車（トラック）群。錨と桜の金属章を特徴的
なフロントグリルに付けたアメリカのシボレー製
1938年型1.5トントラックを先頭に、日産80型
などが陸戦隊員を満載して続いている。

昭和2年（1927年）3月21日の上海揚陸後、徴発した外国製民間車
に乗り在留邦人の運転で仮設の陸戦隊本部を出る、上海陸戦隊指揮
官の松本忠左大佐（後列向かって右側）と第一遣外艦隊旗艦『利根』
艦長の植松練磨（うえまつ とうま）大佐（後列向かって左側）。

昭和13年（1938年）頃の上海市内での祝賀行事か
あるいは正月祝いであろうか、日章旗と旭日旗の下
で記念写真に写る竹下部隊所属の連絡車輌と陸
戦隊員。小型の旭日旗を立てた車輌は、アメリカの
フォード製1937年型4ドアセダンである。

上海特別陸戦隊の装甲車輌

Armored vehicles of Shanghai Special Naval Landing Force

　上海陸戦隊では現場での装甲車輌の必要性と各国の駐留部隊を参考にして、創設当初から輸入トラックに装甲板を張った急造装甲車を配備した。その後、本格的な装甲車輌が求められたが、当時の日本国内は自動貨車（トラック）の生産が始まったばかりで国産装甲車は研究段階であった。そこで日本海軍は、四輪装甲車を英国ヴィッカース社に発注している。

　第一次大戦後のイギリスでは、軽戦車とは別に安価で軽便な装輪装甲車が生産されていたが、軍では制式化されず主に植民地警備用に生産された。ヴィッカース社傘下のクロスレイ社も1925年にM25型四輪装甲車を開発。同装甲車は半球型の砲塔の前後4つの銃眼に2挺のヴィッカースMk.I水冷式重機関銃を前か後ろに2挺、あるいは1挺ずつ前後に取り付けていた。最大6mmの装甲板と優れた高速性能を持ち、「インド仕様」とも呼ばれて英植民地部隊に配備されている。

　ヴィッカース・クロスレイM25型装甲車は昭和3年（1928年）頃から全部で9輌が上海に陸揚げ後、茶褐色に塗られて「毘（ビ）式装甲自動車（装甲車）」として戦車隊に配備されて昭和7年（1932年）2月の第一次上海事変では市街戦で活躍している。また事変平定後の同年7月には、石川島自動車製作所が製造したスミダ（隅田）式六輪自動貨車（トラック）改造のスミダP型装甲自動車（装甲車）や九三式装甲自動車が各3輌配備され、一部は献納兵器の報國号となった。さらに英カーデンロイド装甲車Mk.Ⅵb型も昭和7年（1932年）に6輌輸入されて、上海には4輌以上が加式機銃車として配備された。

　そして昭和8年（1933年）頃、火力増強として初期の八九式軽戦車（後に中戦車）が1輌導入され、昭和11年（1936年）に3輌、昭和12年（1937年）に1輌が続いて配備された。こ

れらは全て甲型で、前期型車体の場合は、尾体（ソリ）の追加改修が無かった。昭和12年8月には再び第二次上海事変が勃発、中国軍2個師団に包囲された特別陸戦隊は各装甲車輌と共にに手持ちの八九式中戦車を市街戦に投入した。同戦車は陸戦隊本部に1輌、八字橋地区警備部隊に1輌、北部地区警備隊に2輌、東部地区警備隊に1輌が配備されている。

　八字橋地区では八九式中戦車が57ミリ砲で敵陣地を撃破、第三大隊（銃隊）第五中隊の正面攻撃を支援した。北部防衛では本部からも八九式が1輌応援に駆け付け、クロスレイ装甲車と共に敵車輌を撃退している。こうして3ケ月に渡る上海防衛戦で、八九式中戦車は見事な活躍を示し、陸軍部隊の到着まで持ち堪えたのであった。また、上海海軍特別陸戦隊の八九式は、翌年1月の青島占領作戦にも出動している。

昭和2年（1927年）に撮影された、外国製トラックに装甲板を貼り付けた改造装甲車。運転席上の箱型戦闘室の銃眼には三年式機関銃の銃身が見える。

まだ配備して間もない頃のヴィッカース（毘式）・クロスレイM25型装甲車1号車。海軍納入タイプはチューブの無いソリッドタイヤを装備しており、パンクの心配が無かった。そのため陸軍とは異なり、右側面に予備タイヤを装備していない。また元々は左右扉に把手が付いていたが、保安上の理由で外されて鍵穴だけが残っている。初期ナンバープレートの「JAPANESE NAVY」（日本海軍）の英語表記にも注目。

昭和3年（1928年）にイギリスから輸入して、上海陸戦隊に配備されて間も無い頃のヴィッカース（旧式）・クロスレイM25型装甲車の隊列。大通りに並んだ9輛のナンバープレートは、この頃はまだ"JAPANESE NAVY"とだけ英文で書かれていた。また車体側面の旭日旗マークは、第一次上海事変以降とは異なり日の丸部分は中央に描かれている。

昭和6年（1931）、射撃競技で砲塔の7.7mmヴィッカースMk.I水冷式重機関銃を斉射する3輌のクロスレイ装甲車。まだ後部のナンバープレートは英文表記のままである。

これも上海陸戦隊の競技会で渡橋する、クロスレイ装甲車「8号」車。強力な火力と、最大で6mm厚の装甲板や優れた高速性能を持つM25型は「インド仕様」とも呼ばれ、多くのイギリス植民地に警備用として配備されている。

第一次上海事変後の昆(ヒ)式装甲自動車(装甲車)。ナンバープレートの車輌番号は漢字表記になり戦闘靴号と比較すると、11号車前輪フェンダーはリブの無いスクエアなタイプに交換されている。また理由は不明だがリベット位置から判断すると、砲塔は全て180度回転されて裏面席に機銃が据え出し突き出しており、取り外し可能なフォグランプも前照灯下に付けられている。そして後方にはスミダP型装甲自動車(装甲車)2輪も確認出来る。

12ページ上の第一次上海事変写真の続きで、昭和7年（1932年）2月5日に寶山路北方の敵陣地に向けて突撃を始めるクロスレイ装甲車「4号」車。上海事変で毘式装甲車は、敵味方の識別目的で全車半球型の砲塔上部が帯状に白く塗られていたが、事変後にはまた元に戻されている。

同じく寶興路方面の鉄道陣地を死守する第一大隊と毘式「4号」車。そのフェンダーには三年式機関銃の保弾板入り木箱が見える。周りの陸戦隊員は艦艇灰色に塗られたつばの広い英国製のオランダ軍型試製鉄兜を被っており、右端の陸戦隊員は突撃に備えてベルグマン自動拳銃（短機関銃）を前にしながら警戒している

第一次上海事変において紅湾路の土嚢陣地から応戦する陸戦隊員を援護して、路上の敵兵に向けて進撃するヴィッカース・クロスレイM25型装甲車の18号車。まだ陸戦隊に八九式中戦車が配備されていなかった当時、同装甲車は市街戦での心強い味方となった。(滝沢 彰氏提供)

背景建物のシャッターや壁の形状から、第一次上海事変以降に建て直された新しい陸戦隊本部ビルの前での撮影と推測される。この頃になるとナンバープレートは日本語で車輌番号が書かれ、砲塔上部の白色塗装も消されている。またこの「3号」車の後輪フェンダーも相次ぐ補修によりかなりくたびれて見える。（下原口 修氏提供）

事変後の昭和8年（1933年）の夏頃、陸戦隊本部の横（奥のビルに車庫出入り口が見える）に整列したクロスレイ装甲車8輌と新たに配備されたスミダP型装甲自動車（装甲車）2輌。ここでもクロスレイ装甲車はパレード用に探照灯を砲塔ハッチから突き出し、フォグランプを前照灯下に取付けている。

前ページ下の写真と同時期に撮影された一枚で、これも取外し式のフォグランプを付けている。半球型ハッチから突き出た伸縮式の探照灯に注目。また米ハーレーダビッドソン製の側車（サイドカー）隊列の一番奥には、第一次上海事変後に導入されたカーデンロイド（加式）装甲車が確認出来る。

上海陸戦隊の分遣中隊であった漢口陸戦隊所属の2輛のクロスレイ装甲車。同陸戦隊の毘（ビ）式は車輌番号を砲塔正面の機関銃の間に書いており、ナンバープレートには車輌番号を書いていない事が判る。（下原口 修氏提供）

装甲自動車

第一次上海事変後の演習時に街道脇に並んだクロス
レイ装甲車。日本に渡った「9号」車の件もあり、導入
時には9輛見られた同装甲車もこの写真では7輛に
減っている。また砲塔上部の白色塗装や側面の車輌
番号も消されている。(北上市平和記念展示館提供)

こちらは同じく演習時における毘式装甲車だが、褐
青色の夏季陸戦服には肩章(エポレット)が見えない
ので、兵・下士官服から廃止された昭和15年(1940
年)5月以降の撮影と考えられる。この頃は「11号」か
ら「13号」車までの3輛配備にまで数が減っていた。
(北上市平和記念展示館提供)

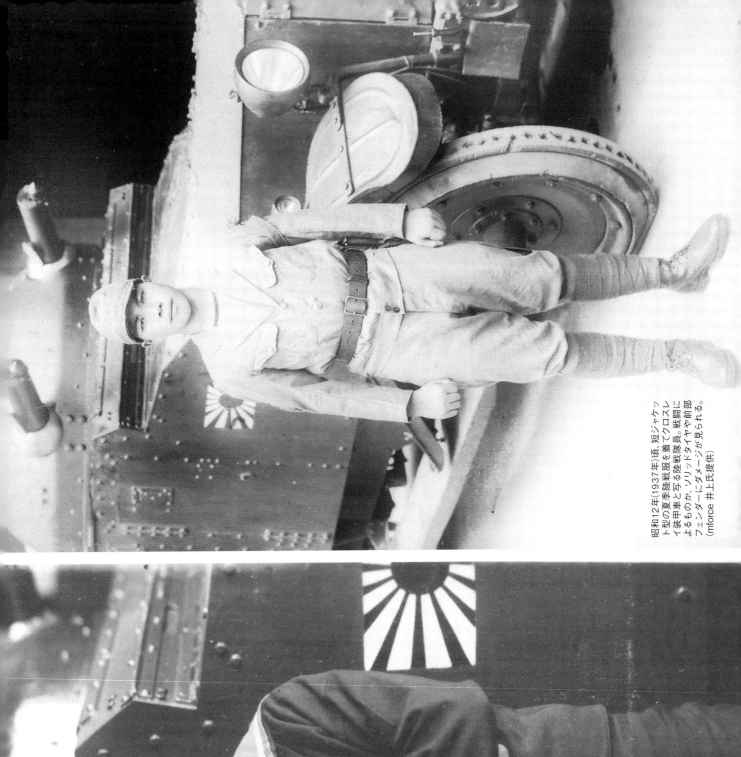

昭和12年(1937年)頃、短ジャケット型の夏季陸戦服を着てクロスレイ装甲車と写る陸戦隊員。戦闘にまるものか、ビルドタイヤや前部フェンダーにダメージが見られる。(mforce 井上氏提供)

兵用冬衣の陸戦隊員とクロスレイ装甲車。ピッタリ閉じられた運転手席の前方バッチや右側視孔の細部形状がわかる。

第二次上海事変でもクロスレイ装甲車は引き続き使用
されたが、前事変の様に砲塔上部が識別用に白く塗ら
れる事は無かった。また写真の様に車輌番号は全て消
され、この個体ではナンバープレートに海軍車輌を示す
錨と桜の金属章が付けられている。(下原口 修氏提供)

昭和12年(1937年)8月、上海海軍特別陸戦隊
本部ビルの1階ガレージから出動する装甲車や
側車(サイドカー)部隊。クロスレイM25型装甲
車4輌、九三式装甲自動車(装甲車)2輌、スミダ
P型装甲自動車(装甲車)2輌などの姿が見える。

10月1日に部隊は戦線を突破、閘北（ざほく）の北停車場（鉄道駅）に肉迫した。写真は、敵陣地に向けてヴィッカース重機関銃を猛射する戦車隊所属のクロスレイM25型装甲車とそれを見守る陸戦隊員。

8月14日、前日から始まった中国国民党軍との本格的な戦闘は上海北部一帯に広がり、北四川路では特別陸戦隊が路上の急造陣地で応戦した。クロスレイ装甲車横の下士官は背中に双眼鏡を回し、右手に南部式自動拳銃乙型（陸式拳銃）を構えている。昭和11年（1936年）中頃の編成では、戦車隊のA班「装甲自動車隊」第一小隊に5輌の毘式が配備された。

左写真と同じ「12号」車後部で、海軍旗を掲げて撮影。第二次上海事変後に3輌だけ残った内(第11〜第13号)の1輌で、リアフェンダー上の方向指示器や配線、車輌番号などに注目。

第二次上海事変後にクロスレイ装甲車の前でポーズを取る陸戦隊員。車体ドアには弾痕が残り戦闘の生々しさを伝えている。

上海特別陸戦隊所属のクロスレイ装甲車「4号」車。こちらは第一次上海事変後の撮影で、砲塔上部の識別用の白色塗装やナンバープレートは、車体色で塗りつぶされているが、旭日旗マークは旧タイプである。

こちらも上海で撮影された特別陸戦隊所属車で、砲塔の車輌番号が消された2輌のクロスレイ装甲車と共に、奥に2輌のスミダP型装甲自動車（装甲車）が見える。このスミダP型は砲塔に6.5mm十一年式軽機関銃を搭載したが、専用のボールマウント式銃座ではなく銃眼スライド式窓を開いて使用したタイプである。軽機関銃あるいは九一式車載軽機関銃を搭載したが、専用のボールマウント式銃座ではなく銃眼スライド式窓を開いて使用したタイプである。

昭和7年（1932）7月、第一次上海事変を戦ったヴィッカース・クロスレイM25型装甲車「9号」車は上海から日本に送られた。海軍省での凱旋報告会では、事変当時に上海陸戦隊参謀であった友貞操一少佐が海軍軍令部長の伏見宮博恭王殿下（×印）と岡田啓介海軍大臣（△印）にクロスレイ装甲車を前にして説明を行なった。事変の激戦後300発の銃弾痕が見つかった「9号」車は、砲塔下などにも弾痕を補修した跡が認められる。

日本に渡ったクロスレイ装甲車「9号」車はその後、陸戦教育用機材として横須賀の海兵団に残され、一時的に海軍砲術学校にも貸与された。そして写真の様に三浦半島付近で行われた対抗演習などにも出動している。夏場の演習であったのか正面の装甲グリルは冷却用に少し開いているが、このグリルは操縦手席から連結ロッドを操作して車内から開閉する事が可能であった。

日本に渡ったクロスレイ装甲車は、「9号車」以外に後から到着した写真の「1号」車も存在した。どちらも陸戦教育用機材として横須賀の海軍砲兵団や海軍砲術学校で使用され、昭和11年（1936年）に発生した二・二六事件では鎮圧部隊として出動している。この2輌が日本に送られた事や戦闘や老朽化により9輌在った上海の毘式は5輌に減り、さらに第二次上海事変後の配備数は3輌となっている。

第一次上海事変後に日本に送られて横須賀に残されたクロスレイ装甲車「9号」車。写真は海兵団での閲兵風景で、砲塔上部の白色塗装を車体色で塗りつぶしているが、車体側面の旭日旗マークは日の丸部分が中央にある旧いバージョンのままである。

こちらは上海時代の砲塔上部の白色塗装がまだ残っていた頃の横須賀海兵団所属のクロスレイ「9号」車。手前の搭乗員は革製の航空帽を被り、陸軍とは逆に左腰に拳銃嚢を吊るしている。

これも横須賀で撮影された、元上海陸戦隊所属のヴィッカース(旧式)・クロスレイ装甲車[9]車。前ページと同様に水冷式の7.7mmヴィッカース重機関銃は外されて、砲塔上面を白く塗ったままで海兵団の新兵教育での陸戦訓練に使用されている。

91

写真は昭和13年（1938年）頃の横須賀海兵団での閲兵風景で、上海から渡って来た「9号」車が砲塔上部が白色の昭和7年（1932年）の第一次事変当時の塗装のままで写っている。また、手前のカーデンロイド装甲車（加式機銃車）は、銃座の張り出した追加装甲の形状が上海陸戦隊所属のタイプと異なっている。さらに茶褐色のクロスレイ装甲車と比べて車体色が明るく、艦艇灰色塗装の可能性も推察される。

横須賀海兵団の兵舎前広場（教練場）に整列した、砲兵隊の改造四年式十五糎（15センチ）榴弾砲。その奥にカーデンロイド（加式）装甲車が1輌、さらに奥には砲塔上部を白く塗ったクロスレイ装甲車が2輌、「1号」車と「9号」車が見える。そして昭和11年（1936年）2月26日に発生した二.二六事件では、鎮圧部隊としてこの2輌の毘式装甲車がカーデンロイド装甲車1輌や九三式装甲自動車（装甲車）1輌と共に出動している。

横須賀海兵団の野外演習に参加したクロスレイ装甲車「1号」車とカーデンロイド（加式）装甲車、そして革製航空帽を被った搭乗員達が写るクリアな1枚。このカ式は上海陸戦隊のⅥb型と同様に増加銃座に機関銃座が見られないタイプである。この「1号」車は「9号」車と同様に上海に後から日本から渡ったと考えられる。

第一次上海事変以降の昭和7年（1932年）7月に、上海陸戦隊に
配備されたスミダP型装甲自動車（装甲車）「報國-1（長岡市號）」。
これは石川島自動車製作所が自社のスミダ（隅田）六輪自動貨車（ト
ラック）をベースに開発した国産装甲車で、砲塔や側面銃座に十一
年式軽機関銃を装備した。また初期は機関室側面の旭日旗マーク
が大きく描かれている。「報國號」とは市民の献金による海軍寄付車
輛の呼称で、陸軍版は「愛國號」と呼ばれていた。「報國1號」は7月
3日に新潟県長岡市袋町の埋立地にて命名式を終えて、上海へ旅
立った。ただし理由は不明だが写真の砲塔の銃眼はスライド式で、
下のパレードや演習時の車輛と異なる。（下原口 修氏提供）

第一次上海事変平定後の昭和7年（1932年）7月19日に運送艦『青島』で上海に到着した
スミダP型装甲自動車（装甲車）「報國-1（長岡市號）」は、日本租界で行われたパレードに
参加した。手前は呉淞（ウースン）路を進むスミダP型とそれに続くクロスレイM25型装甲
車。スミダP型正面の装甲グリルはクロスレイ装甲車と同様に車内からの操作で開閉可能
であったが、写真を見ると三重構造の堅牢な造りであった事が伺える。

昭和12年（1937年）2月の対抗演習時に防衛軍の前衛部隊として
出動したスミダP型装甲自動車（装甲車）「報國（長岡市號）」。この
頃は当初の側面文字から「-1」が消えている。また車体前面左右には
無線機用と思われる空中線を張った仮設アンテナが左右に2本立
てられ、砲塔上部には演習識別用に白布が巻かれている。

第二次上海事変が勃発した後の昭和12年（1937年）8月中旬、火
災を起こす東ブロードウェイ地区に出動したスミダP型装甲自動車
（装甲車）。この車輌も車体左右に仮設アンテナが2本立てられ、樹
木の枝で擬装しているが砲塔の機関銃は外されている。また、96
ページ写真のスミダP型と違い、後輪にフェンダーが付いているの
で「報國1號」であろうか。前年度の編成においてこのスミダP型は、
戦車隊のA班「装甲自動車隊」第三小隊に3輌配備されている。

昭和12年（1937年）8月13日、八字橋戦線におけるスミダP型装甲自動車（装甲車）の「301号」車。側面の観測窓を兼ねた銃眼から3挺の十一年式軽機関銃が突き出ている。（小玉 克幸氏提供）

昭和13年（1938年）2月、青島占領時にスミダP型と写る冬季軍装の陸戦隊員。「報國1號」と異なり、側面前方の機銃座がスライド式観測窓に統一されている。

昭和12年（1937年）10月27日の総攻撃時、中山路をクロスレイ装甲車と共に進撃するスミダP型「301号」。砲塔ハッチや上面後部の扉、後面扉に設けられた銃眼や下部の尾灯などに注目。特別陸戦隊には「303号」まで3輌が配備されたが、写真の後輪フェンダーが無いタイプ（初号車）も存在した。

租界境界の橋を越える上海特別陸戦隊の隊列。先頭に九三式装甲自動車（装甲車）が、次に側車（サイドカー）付き機銃車が見え、その後ろにスミダP型装甲自動車（装甲車）「33号」車や連絡車、陸戦隊を満載した自動貨車（トラック）が続いている。これを見るとスミダP型の車輌番号は、第二次上海事変前に「33号」から「303号」に変わったものと思われる。またこの個体は後輪フェンダー付きのタイプだが、車体側面に「報國1號」の文字は見えない。

昭和12年（1937年）1月26日の警備演習に出動
した九三式装甲自動車（装甲車）を正面から撮影し
た記録写真。その後方にもう1輌が、さらに後方に
は九三式と同様に第一次上海事変後に導入され
たスミダP型装甲自動車（装甲車）3輌が見える。

同時期の演習時において、鉄条網を巻いた柵を突破する九三
式「報國-2（藤倉號）」。側面に書かれた「7」の車輌番号やシ
ルバーメッキされたホイール蓋に注目。また後方には昭和11年
（1936年）には5輌まで減ったクロスレイ装甲車が見える。

これも石川島自動車製作所が製造した九三式装甲自動車（装甲車）「報國2（藤倉號）」だが、砲塔に［7］の車輌番号は無いので命名式後すぐの撮影と思われる。また、車体側面の旭日旗マークも部隊配備時より大きく描かれている。砲塔に搭載された7.7mmヴィッカースMk.I水冷式重機関銃や側面後方の高射託架（対空機銃架、車体前面右側などがクリアに見える。また前輪後方の円形パーツは九一式車載軽機関銃などがクリアに見える。また前輪後方の円形パーツは、不整地の凸状地形で車体の腹を擦らないための回転式器具である。

報國-2
（藤倉號）

昭和12年（1937年）の第二次上海事変において、破壊された北四川路で便衣隊（ゲリラ）掃討に出動した九三式装甲自動車（装甲車）。戦車隊のA班「装甲自動車隊」では第二小隊に3輌の九三式が配備されている。

8月中旬の北部戦線に出動した九三式装甲自動車（装甲車）。樹木で擬装した車体右側面の機銃座には、十一年式軽機関銃または九一式車載軽機関銃が突き出ている。このボールマウントは、八九式中戦車や九四式軽装甲車の機銃座と共通の設計である。

並んだ積葉機の横で、3輌のスミダＰ型を前後に挟んだ出発前の第二小隊の行動2輌の九三式装甲自動車（装甲車）と車内から手を振る第一小隊の行動の搭乗員。国産装甲車はエンジンが過熱しやすかったのか、行動時には写真に見られる様に正面の装甲グリルを開いた状態がしばしば確認出来る。またグリルの内側にはライトが1灯設置され、点灯時もグリルを開放していたと思われる。（下原口 修氏提供）

別の献納装甲車である九三式装甲自動車「報國-3（藤倉號-2）」。第一次上海事変後の昭和8年（1933年）以降に上海特別陸戦隊に配備された3輌の九三式（九二式とする説もある）は、先に納入されたスミダP型と同じ6輪式であったが細部のデザインが異なり、砲塔は角張った形状で助手席の機銃座も逆の右側で逆となる。このため同装甲車は輸入トラックをベースに改造されたという説もある。また車体左右に2個の機銃座が、砲塔後面に高射託架（対空機銃架）が装備されており、スミダP型より重武装であった。

昭和8年（1933年）5月13日に東京の日比谷公園で行われた「報國號」の命名式で、鉄兜や探照灯、爆雷投射機などと共に展示された、上写真と同じ「報國-3（藤倉號-2）」。砲塔後部の機銃架は対航空機用であったが、同時に市街戦において高いビルから撃ち下す敵に向けた対抗策として設置されたと伝えられる。これら民間からの献納兵器は、第二次上海事変でも活躍したのであった。（滝沢 彰氏提供）

九三式装甲自動車（装甲車）「報國号 -2（藤倉號）」の前で、三八式歩兵銃を手に記念写真に写る陸戦隊員。尾灯下のナンバープレートには車輌番号「27」が見える。

こちらも九三式装甲自動車（装甲車）と陸戦隊員。車体は明るい艦艇灰色で塗られている。これは昭和11年（1936年）の二・二六事件に出動した九三式にも見られる特徴で、横須賀の配備車輌の可能性も考えられる。

国産の装甲車導入と同時期の昭和7年（1932年）3月にイギリス製
カーデンロイド装甲車（豆戦車）も6輌（計64,563円）輸入され、
少なくとも4輌が「加式機銃車」として上海特別陸戦隊の戦車隊に
配備された。この加式は陸軍が試験的に輸入したMk.Ⅵ型を改良
したMk.Ⅵb型で、搭載の7.7㎜ヴィッカースMk.Ⅰ水冷式重機関
銃の火力は中国軍にも有効であった。（下原口 修氏提供）

上海海軍特別陸戦隊が配備したMk.Ⅵb型は25度の登攀
（とうはん）能力があったと言われるが、写真ではそれ以上の
角度が付いた土嚢陣地を乗り越えている。輸出タイプで密
閉式になった戦闘室を覆うハッチや後部の物品箱に注目。

新築された特別陸戦隊本部ビルのガレージ前に集結した装甲車輌。手前には水冷式機関銃にカバーを掛けた4輌のカーデンロイド（加式）装甲車が見え、一番左が「5号」車なので5輌以上の配備が推測される。その奥には砲塔に1号車のマークを描いた八九式軽戦車甲型前期型が1輌、さらにクロスレイ装甲車5輌やスミダP型と九三式の2つのタイプの国産装甲自動車（装甲車）計5輌や奥に機銃車（機関銃搭載サイドカー）が確認できる。

上海特別陸戦隊本部の入口横に配置されたカーデンロイド装甲車「3号」車と自動貨車（トラック）「24号」車。同豆戦車はイギリスから輸入されて攻撃や偵察、伝令用の「加式機銃車」として配備された。

訓練時に鉄条網付き対車輌障害を突破して見せるカーデンロイド（加式）装甲車。同豆戦車は、日本陸軍も試験的に2輌輸入したMk.Ⅵ型を改良したMk.Ⅵ b型で、天井覆いが付いてクロスレイ装甲車と同じ強力な7.7㎜ヴィッカースMk.Ⅰ水冷式重機関銃を搭載していた。

演習時に土手を飛び越えて派手なパフォーマンスを見せる加式機銃車。40㎞/hの最高速度は当時の日本軍用車より速く、国産豆戦車の設計に影響を与えた。しかしMk.Ⅵの足回りは脆弱で履帯も外れやすかったため、機構そのものは採用されなかった。

第一次上海事変後に上海海軍特別陸戦隊に導入され、市街地での訓練に営門から出動するカーデン・ロイド装甲車（加式機銃車）。水冷式重機関銃を覆う装甲カバーはまだ簡易タイプの初期型で、車体左右のライトも未装備である。昭和11年（1936年）中頃の編成では、戦車隊のB班「戦車隊」に4輌の加式が配備されている。

第二次上海事変前に練兵場での機動訓練に集結した特別
陸戦隊所属の装甲車輌。「2号」車を先頭に6輌のクロスレ
イ装甲車の奥に3輌のスミダP型装甲車が、手前に3輌の
カーデンロイド（加式）装甲車が見える。（下原口 修氏提供）

昭和14年（1939年）の海南島作戦アルバムに写
る、2輌のカーデンロイド装甲車（加式機銃車）と
陸戦隊員。改修された機銃座は彎曲した装甲板
に覆われ、ライトが車体中央に設けられた。また
画像の左端には加式を参考に開発が始まった、
九四式軽装甲車（TK車）の足回りが一部見える。

また輸入された加式は国内にも配備された。写真は横須賀海兵団の演習に参加して、一般市民も歩く街道を進むカーデンロイド装甲車。前ページ下の海南島に展開した加式と比べると、ライトが車体左右フェンダー上に設置されている。また武装も7.7mmヴィッカース水冷式重機関銃ではなく、国産の6.5mm十一年式軽機関銃に載せ変えられている。

同じく横須賀海兵団の演習にて新兵と一緒に写るカーデンロイド(加式)装甲車Mk.Ⅵb型。訓練に不要なのか機関銃は外されており、搭乗員は軍帽を被って顎紐を下げ冬衣の下士官軍衣を着ている。この加式も一時的に海軍砲術学校に貸与されており、昭和11年(1936年)2月26日に発生した二・二六事件においても鎮圧部隊として出動している。(滝沢 彰氏提供)

また第一次上海事変以降には、八九式軽戦車（後に中戦車）の配備も始まった。写真は105ページ上の写真と同時に、上海海軍特別陸戦隊の本部ビル車廠（ガレージ）前で撮影された八九式軽戦車「1号」車とカーデンロイド装甲車「3号」車。八九式はトルコ帽型の展望塔兼ハッチを丸形砲塔に乗せ、錨と桜の金属章が付いた正面装甲板が「く」の字に曲った典型的な甲型前期型である。（滝沢 彰氏提供）

昭和10年（1935年）の軍艦『八雲』練習遠洋航海アルバムに収められた、上海特別陸戦隊所属の八九式甲型の前期型「1号」車。昭和7年（1932年）の第一次上海事変後に初めて海軍に導入された戦車で、砲塔側面に白い車輌番号「1」が描かれているが、後に消されている。（下原口 修氏提供）

毎年1月4日に行われた観兵式のパレードで大通りを行進する八九式軽戦車（かつての「1号」車）。後続には3輛のクロスレイ装甲車や3輛の九三式装甲自動車（装甲車）および1輛のスミダP型装甲自動車（装甲車）が見える。（滝沢 彰氏提供）

昭和12年（1937年）1月4日の観兵式と推測される戦車隊の行進。これも手前に初期型車体に初期型砲塔の典型的な前期型の八九式軽戦車甲型の同一車輛が見える。その後方には2輛の八九式中戦車甲型後期型と4輛のカーデンロイド装甲車も確認出来る。手前の八九式軽戦車の砲塔上で開いた、トルコ帽型の旧式展望塔兼ハッチにも注目。またこの八九式群は陸軍とは異なり、茶系の国防色単色で塗られていた。

111

砲塔を後ろに回転させ、九一式車載軽機関銃を前にして対戦車壕越えの訓練を行なう、上海海軍特別陸戦隊所属の八九式軽戦車甲型前期型。「く」の字型の正面装甲板上に取り付けられた錨と桜の金属製海軍記章に注目。(小玉 克幸氏提供)

これも上海で撮影された軽戦車タイプの以前に「1号」車であった八九式。丸みのある初期型砲塔やハッチを兼ねたトルコ帽型の展望塔と周囲の覘視孔（スリット）、左右の大きめのライトや「く」の字の正面装甲板の形状などが良く判る。

「大日本海軍特別陸戦隊」の前章（ペンネント）を巻いた兵軍帽（水兵帽）を被った兵用冬衣の陸戦隊員と下士官が、八九式軽戦車「1号」車をバックに撮った記念写真。同戦車は昭和8年（1933年）頃に最初の1輛が配備された海軍の八九式であった。また奥にカーデンロイド（加式）装甲車の先頭部分が見える。

上写真と同じ特別陸戦隊本部ビル車廠（ガレージ）前で撮られた兵用冬衣の陸戦隊員と八九式軽戦車「1号」車の記念写真。八九式は丸形砲塔を180度回して砲塔銃である九一式車載軽機関銃をを正面にしているが、対歩兵戦闘ではこれで十分なのか、陸軍でも行軍中はこの砲塔位置にする場合が多かった。

昭和11年（1936年）頃、上海郊外で超壕演習を
行なう、上海海軍特別陸戦隊所属の八九式中戦
車。角形砲塔に正面装甲が一枚タイプの甲型後
期型車輛。また壕に乗り上げた姿勢のため、前部
の独立した2個の小転輪やその後ろの2個転輪
がセットされたボギーの動きの様子が判る。

土嚢陣地の突破演習を行なう、尾体（ソリ）を備えた
八九式中戦車甲型後期型。全体を茶褐色の国防色
で塗られ、側面には海軍所属を示す旭日旗（後期型）
が描かれている。これまでのところ、海軍ではディー
ゼルエンジンの乙型は確認されていない。

昭和14年（1939年）頃、特別陸戦隊の本部ビル中庭で夏期陸戦服を着た一等水兵と共に記念撮影されたハ九式中戦車甲型後期型。この頃には、車体銃と砲塔銃には防弾器（銃身カバー）が装着され、尾部に搭載されたジャッキや円匙（スコップ）、十字鍬（つるはし）などの装備品に注目。車体後部に搭載された打重機（ジャッキ）や円匙（スコップ）も標準装備されている。車体（車体）や砲塔器（銃身カバー）が

昭和12年（1937年）8月の第二次上海事変時、東部地区の前線に出動した八九式中戦車甲型後期型車輌とクロスレイM25型装甲車。東部地区警備隊は陸戦第五大隊（第十一、第十二中隊）に山砲4門装備の第九中隊第一小隊で編成され、八九式中戦車1輌、装甲車2輌、機銃車（サイドカー）3台が配備された。

同じく東部地区で戦闘中の特別陸戦隊所属の八九式中戦車甲型後期型。市街戦にもかかわらず、側面を幾らかの草で擬装している。また手前の戦車兵は、作業衣上に運動帯（体操ベルト）を巻いている様に見える。

同じく8月に行われた上海市街戦で、陸戦隊員と共に敵陣地に迫る八九式中戦車。後ろに向けた角形砲塔の側面には迷彩柄が確認され、特別陸戦隊所属の5輌の八九式の内、少なくとも1輌は迷彩塗装であった事が判る。

8月21日、上海市街の公平路で激戦の末に特別陸戦隊が撃破、鹵獲した中国軍のヴィッカース6トン戦車の牽引を行う戦車隊所属の八九式中戦車。これも薄く迷彩塗装が確認出来るので、あるいは上写真と同一車輌の可能性もある。(滝沢 彰氏提供)

昭和13年（1938年）冬、第一連合特別陸戦隊と
共に山東省の港湾の要衝であった青島攻略戦に
参加した、上海海軍特別陸戦隊所属の八九式中戦
車甲型後期型。機関室後方には味方識別用に大き
な旭日旗を掲げている。（滝沢 彰氏提供）

同じく青島攻略戦に参加した八九式中戦車。上写真と同
じ車輌であろうか、後方に三八式野砲を軽量化した四一
式騎砲を牽引している点が興味深い。同砲は上海海軍特
別陸戦隊にも４門配備されていた。（滝沢 彰氏提供）

5月27日の海軍記念日であろうか、上海の日本人租界でアメリカのフォード製1937型カブリオレ（オープンカー）の後ろに続いてパレード行進を行なう、特別陸戦隊所属の2輌の八九式中戦車甲型後期型が見える。その後ろを1輌のカーデンロイド（加式）装甲車が、さらに3輌のクロスレイ（毘式）装甲車が続き、その奥に九三式装甲自動車（装甲車）が2、3輌かすかに見えている。これらの装甲車輌は、昭和20年（1945年）9月の中国軍への引き渡し時点で、八九式中戦車が2輌、カーデンロイド装甲車が1輌、クロスレイ装甲車が1輌、九三式およびスミダP型装甲自動車（装甲車）が各3輌、機銃車（サイドカー付きオートバイ）が16台、存在した。

海軍横須賀鎮守府内で撮影されたと思われる、陸戦
隊所属の装甲車輌群。迷彩塗装の八九式軽戦車や、
事変後に上海から渡って来たヴィッカース・クロスレ
イ装甲車「1号」車および「9号」車と共に、中央に機関
銃座の防盾を強化した改修型のカーデンロイドMk.Ⅵ
b型装甲車が見える。

上写真と同じ個体の八九式軽戦車と装甲車輌。周囲
の民間人や修正で稜線が消された背景の地形、第一
次上海事変後に日本に渡ったクロスレイ（毘式）装甲
車「9号」車や銃座に張り出し装甲が増設されたカー
デンロイド（加式）装甲車などの特徴から、海軍横須
賀鎮守府の記念日での撮影と推測される。

細い黒緑付きの初期の4色迷彩で塗られた左ページと同じ海軍の八九式軽戦車。正面装甲板には、錨と桜の海軍金属章の代わりに凸形状の所属章を付けている。手前の戦車兵は革製航空帽を被り、陸軍とは逆に左腰に拳銃嚢を吊るしている。

　第二次上海事変の陸戦隊写真で目を引くのが、市街地やクリーク沿いで撃破・鹵獲された中国軍のヴィッカース6トン戦車（実際は装備重量で8トン近く）の記録写真である。

　この3人乗りのイギリス製戦車は、小型双砲塔に7.7mm機銃を各一挺搭載したA型と、円錐台形の短砲塔に47mm戦車砲と7.7mm機銃を各一挺搭載したB型が存在しており、輸出用名称でE型（あるいはMk.E）と呼ばれる場合もあった。イギリス軍には制式採用されずに輸出専用となり、中国は昭和10年（1935年）頃から輸入を始め、47mm戦車砲装備の通常B型（E型）を16輌、無線器装備の指揮戦車F型を4輌輸入して、南京方山の国民党陸軍交輜学校所属の戦車教導団の戦車第1連隊（3個大隊16輌装備）を中心に配備している。

　昭和12年（1937年）8月、南京から上海戦線に到着した国民党軍戦車第1連隊（6トン戦車装備）は、21日の第4次総攻撃に戦車第2連隊（ヴィッカース水陸両用戦車装備）や第36師団や第108旅団と共に参加。同連隊は市街戦において歩兵との協同が上手く取れず、さらに単独で散開して敵陣突破を試みたため、路上やクリーク沿いで迎え撃つ上海海軍特別陸戦隊の砲隊に各個撃破されてしまう。この戦闘で戦車第1、第2連隊は兵員の3/5と両連隊長を失うほどであった。そして呉第一特別陸戦隊の安田部隊は、公平路付近の戦闘で激戦の末に3輌の6トン戦車を撃破・鹵獲したのであった。

　この鹵獲6トン戦車の内1輌は日本に送られ、間もなく東京・上野の松坂屋デパートで開催された「支那事変展覧会」でも展示された。しかしこの時は鹵獲時に見られた砲塔後部のイタリアのマルコーニ製G2A無線機用の張り出しが失われている。これは鹵獲無線機を試験する為にボックスごと外したものと思われ、それにより同戦車は戦車第1連隊連隊長で戦死した郭恆健大尉のF型指揮戦車（連隊本部車輌）と推測される。

　その後、このF型は海軍の捕獲品として東京・原宿の海軍館で展示されていたが、空襲で破損して戦後の昭和27年（1952年）4月に鉄屑置き場での存在が最後に確認されている。

戦車第1連隊の「虎」マークが書かれたヴィッカース6トン戦車と陸戦隊員。（mforce 井上氏提供）

昭和12年（1937年）8月21日、公平路付近で激戦の末に鹵獲された指揮型車輌。迷彩パターンや砲塔の7.7mm機銃筒の被弾個所が後の松坂屋展示車輌と一致する。写真は戦闘の翌日に陸戦隊員達の手で味方陣地に引かれる様子で、F型指揮戦車の特徴的な砲塔後部の張出しやアンテナ基部が確認出来る。

同じく8月19日に郊外のクリーク沿いで撃破されたヴィッカース6トン戦車の通常型車輌。これは被弾後の炎上が激しく、恐らく迷彩塗装も焼け落ちているものと推測される。

上写真と同じ個体のヴィッカース6トン戦車も後に鹵獲され、上海神社境内で展示された。車上の陸軍兵士と民間人の間には、上海海軍特別陸戦隊による戦闘から鹵獲への流れの説明立て札が破損して車体に掛けられている。

8月21日の公平路付近の戦闘で激戦の末、呉鎮守
府第一特別陸戦隊（安田部隊）により鹵獲され、西
華徳路方面から虹口（ホンキュ）市場前に牽引され
た、中国軍の英ヴィッカース6トンF型指揮戦車。

虹口（ホンキュ）市場前に一時的に置かれた鹵獲ヴィッカース6トン
F型指揮戦車。この後に117ページの八九式中戦車による牽引シー
ンに繋がった。同戦車はイギリスのヴィッカース・アームストロング社
が開発した47㎜戦車砲搭載の中戦車で、国民党軍は20輛以上を
輸入して南京の戦車教導団戦車第1連隊を中心に配備していた。

昭和12年（1937年）10月、東京・上野の松坂屋1階で開催された「支那事変展覧会」で展示されたヴィッカース6トン戦車。砲塔や車体の被弾箇所には説明用の矢印が直接付けられている。特徴的な鋲甲迷彩は緑、茶、グレー、タンの4色から成り、それぞれの色の境目は日本軍と同様な細い黒線が入れられた。国策写真の状況から、戦死した国民党軍戦車第1連隊連隊長車と推測される。その後、原宿の海軍館の中庭に展示されたが、昭和19年（1944年）11月の空襲で破損しており戦後はスクラップにされたと思われる。

「特別陸戦隊、前へ！」

文：吉川 和篤

　以前から興味を持って収集していた日本海軍陸戦隊、特に上海海軍特別陸戦隊の写真であったが、これまでに私家本として3冊の写真集を作り、2013年にはそれをまとめて増補加筆した「上海海軍特別陸戦隊写真集」を大日本絵画さんから刊行した。その後9年が経過したが、いつの間にか特別陸戦隊のアルバムや生写真が新たに集まり、いつか続きの写真集を出してみたいと思い至った。そこで今回は上海陸戦隊の成り立ちや、二つの事変の戦歴については時系列で解説した章を設けながら、軍装や自動拳銃（短機関銃）も含めた小火器、火砲、軍用車輌やオートバイ、戦車も含めた装甲車輌の章を設けて多くのページを充ててより立体的に"シャンリク"のディテールを解説する写真集にしたいと考え、イカロス出版さんとご相談して今回の刊行に至った訳である。

　本書ではこれまで未発表であった写真も出来るだけ盛り込んで解説している。この中でも特別陸戦隊の特徴である自動拳銃（短機関銃）や上海から横須賀海兵団に渡ったクロスレイ装甲車のその後、あまり見られない迷彩塗装の八九式中戦車、防盾を改造したカーデンロイド装甲車などの写真は貴重だと思われる。

　そのため過去に出版した戦車写真集と同様に、手持ちの写真資料を中心とした写真集を目指した。本書でも編纂にあたり極力発表された既存のグラフ誌等の印刷物掲載写真は避け、個人アルバムやバラの生写真、あるいは印刷物でも部隊限定写真帖など、出来るだけ限られた一次資料にこだわった編集方針としている。

　また今回も研究家諸氏の方々から貴重な写真や資料の一部をお借りして、ここに掲載する運びとなった。出版の機会を与えて頂いたイカロス出版編集部の浅井氏と共にご協力頂いた皆様には、改めて感謝を申し上げたい。

　こうして今回も当初は個人的な思い付きから作られた写真集であるが、ここに集めた数々の陸戦隊写真を通して、中国大陸で創設されてその使命を全うした"シャンリク"への再評価や再発見に今一度繋がれば幸いである。

第一次上海事変後の昭和7年（1932年）7月、ヴィッカース・クロスレイ装甲車「9号」車は上海から日本に送られた。写真は横須賀港に揚陸後、7月13日に上海陸戦隊参謀と共に東京市麹町区（現千代田区）の海軍省に到着して凱旋報告を行った時の畳式装甲車。この「9号」車はそのまま日本に残り、二・二六事件にも出動している。

写真／資料協力：安達オースティン、mforce 井上、北上市平和記念展示館、国本 康文、小玉 克幸、下原口 修、平 基志、滝沢 彰、中村 勝巳、原 知崇（五十音順／敬称略）

参考文献：「昭和二年 上海陸戦隊 警備記念写真帖」（大隅洋行写真部／昭和2年発行）、「日本陸戦隊 上海警備記念写真帖 昭和四年」（玉川写真館／昭和4年発行）、「昭和六年度 上海警備記念写真帖」（玉川写真館／昭和6年発行）、「昭和七年 上海事変記念写真帖」（第三艦隊司令部／昭和7年発行）、「上海事変写真全集 昭和七年一・二・三月」（玉川写真館／昭和7年発行）、「上海事変記念大写真帖」（忠誠堂／昭和7年発行）、「上海事変大写真帖」（文誠書院／昭和7年発行）、「上海事変の経過」（新光社／昭和7年発行）、「支那事変」（玉川写真館／昭和12年発行）、「昭和十二年支那事変 上海戦線写真帖」（尚美堂／昭和12年発行）、「上海特別陸戦隊警備記念写真帖」（玉川写真館／昭和12年発行）、「支那事変展覧会 記念写真帳」（東京 上野 松坂屋／昭和12年発行）、「支那事変」（橋岡写真館／昭和13年発行）、「カメラの戦士 濱野嘉夫」（濱野基一／昭和13年発行）、「支那事変記念写真帖」（海軍省／昭和15年発行）、「海南島攻略記念写真帖」（海軍井上部隊／昭和16年発行）、「聖戦海軍参加記念写真集 2599 大日本海軍防備隊」（大日本海軍防備隊／昭和16年発行）、「聖戦記念写真帖 昭和十六年 海軍竹下部隊」（赤誠堂出版所／昭和16年発行）、「海軍制度沿革 巻九」（海軍大臣官房／昭和15年発行）、「外国銃器取扱ノ法」（陸軍兵器学校／昭和16年発行）、「十一式軽機関銃」（陸軍歩兵学校刊）、「十一式軽機関銃取扱上ノ参考」（陸軍歩兵学校刊）、「重機関銃取扱上ノ参考」（陸軍歩兵学校刊）、「兵器学教程 第一巻／第二巻」（陸軍教導学校刊）、「兵器学教程 銃器第二巻第六篇」（陸軍兵器学校刊）、「日本の戦車」（原乙未生、栄藤伝治、竹内昭著／出版協同社刊）、「機甲入門」（佐山二郎著／光人社刊）、「軍用自動車入門」（高橋昇著／光人社刊）、「日本の戦車と軍用車輌」（高橋昇著／文林道刊）、「日本の戦車と装甲車輌」（アルゴノート社刊）、「日本の軍用バイクの黎明 増補改訂版」（国本康文著／国本戦車塾刊）、「海軍の報国号装甲自動車」（国本康文著／国本戦車塾刊）、月刊アーマーモデリング連載「日本海軍の車両」（大日本絵画刊）、「日本の機関銃」（須川薫雄著／SUGAWAWEAPONS社刊）、「小銃 拳銃 機関銃入門」（佐山二郎著／光人社刊）、「日本陸軍の火砲 歩兵砲 他」（佐山二郎著／光人社刊）、「日本の大砲」（竹内昭、佐山二郎著／出版協同社刊）、「陸戦兵器総覧」（日本兵器工業会編／図書出版社）、「海軍砲術史」（海軍砲術史刊行会刊）、「日本の軍装」（中西立太著／大日本絵画刊）、「陸軍軍服服装総集図典」（北村恒信編／国書刊行会刊）、「日本海軍軍装図鑑」（柳生悦子著／並木書房刊）、「東京大空襲 未公開写真は語る」（NHKスペシャル取材班、山辺昌彦著／新潮社刊）、「RIKUSENTAI」（Austin Adachi／Rikusentai Publishing刊）、「Japanese Special Naval Landing Forces」（Gary Nila、Robert Rolfe著／OSPREY PUBLISHING刊）、「抗戦時期國軍 機械化／装甲部隊書史1929～1945」（老戦友工作室／軍事文粋部刊）、AUSTRALIAN WAR MEMORIAL、アジア歴史資料センター

上海特別陸戦隊 ～その兵器と軍装～
2022年6月5日発行

著者	吉川 和篤
装丁	吉川 和篤
本文DTP	イカロス出版デザイン制作室
編集	浅井太輔
発行人	山手章弘
発行所	イカロス出版株式会社

〒101-0051
東京都千代田区神田神保町1-105
［電話］出版営業部 03-6837-4661
［URL］https://www.ikaros.jp/
［E-mail］編集部 mc@ikaros.co.jp

印刷	図書印刷

Printed in Japan